非凸二次规划问题的全局优化方法及其应用

路程 著

中国水利水电出版社
www.waterpub.com.cn
·北京·

内 容 提 要

在非线性优化领域,二次规划问题是最具代表性的问题之一。

本书主要讨论非凸二次规划问题的全局优化算法设计策略,对不同类型的算法进行总结,并介绍作者在该领域的最新研究成果,主要内容包括非凸二次规划问题的凸松弛方法、基于线性松弛与凸二次松弛的分支定界算法、基于半正定松弛的分支定界算法等。

本书结构合理,条理清晰,内容丰富新颖,可供相关工程技术人员参考使用。

图书在版编目(CIP)数据

非凸二次规划问题的全局优化方法及其应用/路程
著. —北京:中国水利水电出版社,2019.4 (2025.4 重印)
ISBN 978-7-5170-7630-8

Ⅰ. ①非⋯ Ⅱ. ①路⋯ Ⅲ. ①二次规划—研究 Ⅳ.
①O221.2

中国版本图书馆 CIP 数据核字(2019)第 074483 号

书　　名	非凸二次规划问题的全局优化方法及其应用　FEI TU ERCI GUIHUA WENTI DE QUANJU YOUHUA FANGFA JI QI YINGYONG
作　　者	路　程 著
出版发行	中国水利水电出版社
	(北京市海淀区玉渊潭南路 1 号 D 座 100038)
	网址:www.waterpub.com.cn
	E-mail:sales@waterpub.com.cn
	电话:(010)68367658(营销中心)
经　　售	北京科水图书销售中心(零售)
	电话:(010)88383994、63202643、68545874
	全国各地新华书店和相关出版物销售网点
排　　版	北京亚吉飞数码科技有限公司
印　　刷	三河市华晨印务有限公司
规　　格	170mm×240mm　16 开本　11.5 印张　206 千字
版　　次	2019 年 6 月第 1 版　2025 年 4 月第 4 次印刷
印　　数	0001—2000 册
定　　价	55.00 元

前　言

在非线性优化领域,二次规划问题是最具代表性的问题之一。该问题作为基本数学模型,广泛应用于信号处理、通信技术、电力系统、计算机科学、经济学等不同领域。在实际应用中,很多具体的二次规划问题具有非凸性。设计高效率全局优化算法求解非凸二次规划问题是一项非常具有挑战性的任务。

在实际应用中,针对非凸二次规划问题,现有方法通常采用局部优化算法或近似算法,以较高的效率得到问题的次优解。然而,针对具体的问题类型,现有局部优化算法或近似算法所得到的次优解的近似比经常无法达到令人满意的质量。为了克服近似算法的缺陷,我们试图设计相对有效的全局优化算法。通常情况下,该类算法具有指数复杂度。然而,在具体应用中,对于中小规模的问题,该类算法的计算效率仍可在一定程度上满足实际需求。

本书主要讨论非凸二次规划问题的全局优化算法设计策略,对不同类型的算法进行总结,并介绍作者在该领域的最新研究成果。全局优化理论与方法还在不断地发展着,本书希望使刚进入全局优化领域的初学者和研究人员对相关方法有个初步的了解,还希望读者初步掌握全局优化算法的设计技巧,因此提供了很多算法设计的细节信息,特别附上了主要算法的伪代码,以及相关数值实验结果,希望由此提高本书所介绍方法的可操作性。

全书共分为三部分。第一部分包含第 1 章和第 2 章,分别介绍了全局优化方法的概念以及研究进展,并对非凸二次规划问题的各类凸松弛策略加以总结。第二部分包括第 3 章至第 6 章,分别介绍了线性松弛、凸二次松弛、半正定松弛等不同松弛策略在分支定界算法中的应用。第三部分包括第 7 章至第 9 章,主要讨论全局优化方法在通信、电力领域的实际应用。

据作者所知,目前国内还没有论著专门介绍非凸二次规划问题全局优化算法的设计策略,本书的目的就在于提供这样一份资料。限于作者的知识范围,肯定有不少相关算法设计策略没有被收集进来,恳请读者不吝指教。

最后,特别感谢国家自然科学基金(项目号:11701177、11771243)和中央高校基本科研业务费专项资金(项目号:2017MS058、2018ZD14)的资助。

路　程

2019 年 1 月

目　录

第 1 章　引　言

二次规划问题是一类经典的非线性优化问题。该问题作为基本的数学规划模型,在石油、电力、通信、信息技术、计算机科学等领域具有重要应用。例如,工程技术中的电力系统潮流计算问题[1,2]、通信系统中的波束形成问题[3]、信号处理中的相位恢复问题[4]等,均可建模为二次规划问题。除工程领域外,二次规划在风险资产投资组合[5,6]、模式识别[7]等领域同样具有非常广泛的应用。另外,二次规划也是数学规划领域最重要的问题之一。很多经典优化问题,如 0-1 二次规划问题[8]、标准二次规划问题[9]、箱式约束二次规划问题[10]、混合整数二次规划问题[11],均是重要的二次规划子类问题。对二次规划问题的相关理论与算法进行深入研究,不仅有助于促进非线性优化领域发展,而且有利于推动工程优化和管理科学相关领域的技术进步。

本书以二次规划作为研究主题,重点研究非凸二次规划问题的全局优化方法。本章将介绍二次规划问题的一般形式,并讨论全局优化方法的研究背景和研究意义,由此展开全书的主题。

1.1　二次规划问题模型

二次规划问题按变量类型可分为实变量二次规划问题和复变量二次规划问题。在经典的数学规划领域,学者们对实变量二次规划问题进行了非常广泛的研究。然而,在通信、信号处理、电力系统等领域,由于相关工程优化模型通常可建模为复变量二次规划问题[12]。因此,对复变量二次规划问题进行研究同样具有重要的实际意义。在本节,我们分别介绍实变量二次规划问题和复变量二次规划问题的一般形式。

1.1.1　实变量二次规划问题

首先定义如下形式的实变量二次约束二次规划问题:

$$\min \frac{1}{2}x^{\mathrm{T}}Q_0 x + c_0^{\mathrm{T}}x$$

$$\text{s. t. } \frac{1}{2}x^{\mathrm{T}}Q_i x + c_i^{\mathrm{T}}x - b_i \leqslant 0, \ i = 1, 2, \cdots, m \qquad \text{(QCQP)}$$

其中,决策变量 $x \in \mathbf{R}^n$,且对任意 $i = 0, 1, \cdots, m$,Q_i 为 $n \times n$ 实对称方阵,c_i 为 $\mathbf{R}^n$ 空间中的列向量,b_i 为实数。

(QCQP)实际上是最具一般性的连续变量二次规划问题形式,包含了不同类型的二次规划子类问题。例如,若对任意 $i = 1, 2, \cdots, m$,二次项矩阵 Q_i 均为零,则该问题退化为如下形式的线性约束二次规划问题。

$$\min \frac{1}{2}x^{\mathrm{T}}Q_0 x + c_0^{\mathrm{T}}x$$

$$\text{s. t. } c_i^{\mathrm{T}}x \leqslant b_i, i = 1, 2, \cdots, m \qquad \text{(LCQP)}$$

实际上,线性约束二次规划问题是最经典的二次规划子类问题之一,早在 20 世纪 50 年代就已应用于投资组合模型[6],随后普遍应用于金融优化、模式识别、工程技术等不同领域。此外,(QCQP)也包含了等式约束二次规划问题情形,对于等式约束

$$\frac{1}{2}x^{\mathrm{T}}Q_i x + c_i^{\mathrm{T}}x - b_i = 0$$

可将其替换为两个不等式约束,即

$$\frac{1}{2}x^{\mathrm{T}}Q_i x + c_i^{\mathrm{T}}x - b_i \leqslant 0, \frac{1}{2}x^{\mathrm{T}}Q_i x + c_i^{\mathrm{T}}x - b_i \geqslant 0$$

由此可见,(QCQP)包含了各类连续变量二次规划问题作为子类问题。

除连续型变量二次规划问题外,另一类典型的二次规划问题是混合整数变量二次规划问题。所谓的混合整数变量,就是问题的部分变量(或全部变量)为整数变量。该问题可写为如下一般形式:

$$\min \frac{1}{2}x^{\mathrm{T}}Q_0 x + c_0^{\mathrm{T}}x$$

$$\text{s. t. } \frac{1}{2}x^{\mathrm{T}}Q_i x + c_i^{\mathrm{T}}x - b_i \leqslant 0, i = 1, 2, \cdots, m \qquad \text{(IQCQP)}$$

$$x_j \in \mathbb{Z}, j \in S$$

其中,整数集 $S \subseteq \{1, 2, \cdots, n\}$ 表示整数变量对应的指标集合。(IQCQP)所包含的最重要的子类问题之一就是二元整数规划问题,即对任意 $j = 1, 2, \cdots, n$,变量 x_j 取值范围仅包含两个整数点,通常为 $x_j \in \{0, 1\}$ 或 $x_j \in \{-1, 1\}$。一系列经典的组合优化问题,例如,最大割问题[13]、二次背包问题[14] 等,均可建模为不同形式的整数二次规划问题。

虽然现有文献中所研究的不同类型的二次规划问题通常是(QCQP)或(IQCQP)的子类问题,然而,我们很难针对(QCQP)或(IQCQP)问题形式

设计通用的求解算法。实际上,不同的子类问题的参数 Q_i 和 c_i 的分布范围、参数密度(即非零参数所占的比例)通常具有一定差异,问题的结构特点往往也不同。这些差异造成了问题求解难度的不同。例如,对于(QCQP)问题,当目标函数和约束函数均为凸函数时(即对任意 $i=0,1,\cdots,m$,矩阵 Q_i 为半正定矩阵),该问题将成为凸二次规划问题,并可转化为二阶锥优化问题进行求解[15]。但是,当(QCQP)问题的目标函数或约束条件对应的二次项矩阵中存在非半正定矩阵时,问题将成为非凸问题,其局部最优解不一定是全局最优解。针对非凸情形,我们往往需要设计更复杂的方法来求解该问题的全局最优解。

虽然非凸二次规划问题的局部最优解的结构比凸二次规划情形复杂,但是并不是所有的非凸二次规划问题都难以求解。根据非凸问题的求解难度,我们进一步将其分为两类情形:隐凸问题和本质非凸问题。所谓隐凸问题,就是问题本身不是凸问题,但是通过采用适当的变换技巧,可将其转化为等价的凸优化问题[16]。例如,经典的信赖域子问题[17],以及含有两个齐次约束的齐次二次规划问题[18],均是典型的隐凸问题。此外,在一些实际的工程应用领域,相关问题的二次规划模型也在一定条件下具有隐凸性。例如,在信号处理领域中的多输入多输出信道检测问题[19],其一般形式是NP-hard 的[20],但是,当信号的信噪比足够高时,可将该问题等价转换为半正定规划问题[21]。隐凸问题相对容易求解。随着凸优化技术的不断成熟,越来越多的凸优化相关方法可用于求解隐凸问题。另外,还有很多非凸二次规划问题具有本质非凸性,我们无法将其转化为多项式时间可解的凸优化问题。其中一系列非凸二次规划问题已经被证实是 NP-hard 的。求解本质非凸问题的全局最优解相对困难。特别地,对于 NP-hard 问题情形,除非 P=NP,否则不存在多项式时间复杂度的全局优化算法[22]。为了求解本质非凸问题的全局最优解,我们通常采用相对有效的指数复杂度算法。其中最常见也是最有效的方法之一就是分支定界算法[23]。另外,割平面方法也是求解非凸规划和整数规划问题全局最优解的典型方法之一[24]。

1.1.2 复变量二次规划问题

接下来,介绍复变量二次规划问题。在复变量问题中,决策变量 x 取值为复数,即 $x \in \mathbb{C}^n$。在工程建模中,复变量往往具有一定的物理意义。实际上,复变量常用于表示正弦信号的振幅与相位,其中向量的模对应正弦信号的振幅,辐角对应正弦信号的初始相位。特别地,在通信、信号处理、电力系统中,复变量表示法具有非常广泛的应用。此外,信号的能量通常表示为复变量的模的平方,相关的能量约束往往表示为复变量的模约束,而信号的初始相位约束通常表示为复变量辐角约束。例如,电力系统中的交流电电压最大值和相位值,即直接对应复变量的模与辐角,而电压有效值约束以及初始相位的约束即表示为复变量的模约束和辐角约束。由此可见,在工程领域,相关复变量二次规划问题模型往往表示为带模约束和辐角约束的问题。引入复变量二次规划问题的一般形式:

$$\min \frac{1}{2}x^{\mathrm{H}}Q_0 x + \mathrm{Re}(c_0^{\mathrm{H}}x)$$

$$\text{s. t. } \frac{1}{2}x^{\mathrm{H}}Q_i x + \mathrm{Re}(c_i^{\mathrm{H}}x) - b_i \leqslant 0, i = 1, 2, \cdots, m \qquad \text{(CQCQP)}$$

$$l_i \leqslant |x_i| \leqslant u_i, \arg x_i \in A_i, i = 1, 2, \cdots, n$$

其中,决策变量 $x \in \mathbb{C}^n$。对任意 $i = 1, 2, \cdots, m$,矩阵 Q_i 是 $n \times n$ 的 Hermitian 矩阵,参数向量 $c_i \in \mathbb{C}^n$,变换 $(\cdot)^{\mathrm{H}}$ 表示共轭转置,$\mathrm{Re}(\cdot)$ 表示复数实部,$\arg(\cdot)$ 表示复数辐角,集合 $A_i \subset \mathbf{R}$ 表示 x_i 的辐角的取值范围。复变量二次规划问题在一系列重要的工程领域,特别是通信、雷达、电力等领域,具有非常广泛的应用[3,25,26]。下面介绍一些典型的复变量二次规划问题模型及其相关应用背景。

首先介绍单位模约束二次规划问题,该问题可写为如下形式:

$$\min \frac{1}{2}x^{\mathrm{H}}Q x + \mathrm{Re}(c^{\mathrm{H}}x)$$

$$\text{s. t. } |x_i| = 1, i = 1, 2, \cdots, n \qquad \text{(UMQP)}$$

$$\arg x_i \in A_i, i = 1, 2, \cdots, n$$

该问题是(CQCQP)的一类特殊子类问题,即各个复变量具有单位长度的模。严格来说,由于各个变量的模是固定值,在优化过程只有变量的辐角值是可调整的。因此,该问题的真正决策变量实际上仅包含辐角变量 $\arg x_1$, $\arg x_2, \cdots, \arg x_n$,故可称之为辐角优化问题(或相位角优化问题)。在工程应用中,与相位角相关的优化问题,例如,相位同步问题[27,28]和相位恢复问题[4]均可建模为(UMQP)形式。此外,(UMQP)模型也可用于解决雷达相位码设计问题[25]。除上述工程应用外,运筹学领域的 MAX-3-CUT 问题[29]作为一类典型的组合优化问题,也可建模为(UMQP)形式。针对(UMQP)问题,文献[30,31]专门讨论了相关的近似算法。

进一步,介绍含有模约束的复变量二次规划问题:

$$\min \frac{1}{2}x^{\mathrm{H}}Q x + \mathrm{Re}(c^{\mathrm{H}}x)$$

$$\text{s. t. } |x_i| \leqslant 1, i = 1, 2, \cdots, n \qquad \text{(UQP)}$$

其中,模约束 $|x_i| \leqslant 1$ 表示信号最大振幅约束。例如,在电力系统中,模约

束往往对应交流电电流、电压的最大值约束。另外,模约束 $|x_i| \leqslant 1$ 等价于 $|x_i|^2 \leqslant 1$,而在通信系统和电力系统中,复变量的平方往往对应信号的能量或功率。因此,相关的能量约束往往也表示为模约束。该问题在无线网络设计领域的应用可参见文献[32]。此外,该问题在雷达信号处理领域也有相关应用[25]。

最后,介绍一类含有二次约束条件的复变量二次规划模型,该模型在电力系统潮流计算问题中具有重要应用。该模型可写为如下形式:

$$
\begin{aligned}
\min \quad & \sum_{(i,j) \in G} [Q_0]_{ij} x_i x_j^{\mathrm{H}} \\
\text{s. t.} \quad & \sum_{(i,j) \in G} [Q_k]_{ij} x_i x_j^{\mathrm{H}} \leqslant 1, k = 1, 2, \cdots, m \qquad \text{(SQCQP)} \\
& l_i \leqslant |x_i| \leqslant u_i
\end{aligned}
$$

其中,G 是由 (i,j) 二元组构成的集合,$[\cdot]_{ij}$ 表示稀疏矩阵的第 i 行第 j 列元素,$i, j \in \{1, 2, \cdots, n\}$。在实际应用中,$G$ 通常采用图论相关方法进行表示:以 $\{1, 2, \cdots, n\}$ 作为顶点集合,以 G 中的二元组作为边集合。在潮流计算问题的实际背景中,图的顶点集合表示变电站,边集合表示输电线路,而图的结构直接对应输电网络的结构。关于(SQCQP)在电力系统的更多建模细节可参阅文献[1,2]。针对该问题的半正定松弛方法的松弛效果,文献[33]给出了较全面的理论分析。

1.2　研究背景介绍

二次规划问题是最具代表性的非线性规划问题之一。对该问题进行深入研究,有助于促进非线性优化领域整体发展。在经典的数学规划领域,学者们往往将优化问题分类为线性优化问题和非线性优化问题。而二次规划问题作为形式最简单的非线性规划问题,往往被看作由线性规划问题扩展到一般情形非线性规划问题的过渡问题。从这个意义上讲,以二次规划问题作为基本问题进行专门研究是通往求解一般情形非线性规划问题的第一步。此外,在全局优化领域,线性与非线性的差异并不是最本质的差异,而凸性和非凸性的差异是造成问题求解难度差异的本质因素。对于二次规划问题,当问题具有凸性时,其局部最优解一定是全局最优解,此时问题相对容易求解。但是,对于非凸情形,特别是本质非凸情形,问题结构将复杂得多。由于问题可行域内通常存在大量局部最优解,在其中寻找全局最优解相对困难。非凸二次规划问题作为最具代表性的非线性优化问题,至今仍然是全局优化领域最具挑战性的问题之一。

在非凸二次规划的相关研究进展中,近 20 年来最引人关注的方法之一,就是采用凸松弛技术的近似算法(也叫次优算法,即以寻找问题近似最优解作为最终目标)。在过去 20 年,随着现代凸优化方法的不断成熟,特别是随着半正定规划、二阶锥规划等方法在各个领域的普及,二次规划近似求解算法也随之取得了极大的进步。相关成果成功推动通信、信号处理、电力系统等工程领域的技术发展[12]。特别地,在一些具体的工程应用领域,系统往往对算法实时计算效率有较高的要求。在此背景下,采用高效率的近似算法往往是最佳选择。

然而,并不是所有二次规划问题类型均存在有效的近似算法。例如,通信领域的波束形成问题,其近似解与最优解之间的近似比并不理想[34,35],而电力系统潮流计算问题,对其进行半正定松弛后,得到的松弛最优解不一定是原问题的可行解[36]。针对这些情形,近似算法应用效果受限,甚至彻底失去实用价值。实际上,对于一些非实时应用场景,当算法效率不再是最主要的瓶颈时,基于凸松弛技术的近似算法通常不再是最佳选择。取而代之,我们可进一步采用更有效的全局优化技术,例如,割平面技术、分支定界技术在凸松弛的基础上对问题松弛效果进行改进,从而以更长的(但可接受的)计算时间作为代价,搜索高质量的解。由此可见,对非凸二次规划问题的全局优化技术进行专门研究,对于非实时求解相关工程问题具有重要的实用价值。

1.3　全局优化方法介绍

全局优化方法以寻找问题的全局最优解作为最终目标。然而,对于隐凸问题和本质非凸问题,其求解难度和求解策略往往具有显著差异。与上述两类问题相对应,我们将全局优化的研究思路分为两类。

1)通过挖掘问题的结构特点,得到全局最优性条件,由此揭示问题的隐凸性,并设计算法求解问题的全局最优解。

2)对于本质非凸问题,设计相对有效的指数复杂度求解算法搜索问题的全局最优解。

其中,对于第一类研究思路,为了挖掘隐凸性,我们往往需要对问题的理论性质或结构特点进行专门探索。然而,相关的求解算法严重依赖问题的结构特点,因此不同方法之间通常不具有共性。而对于第二类研究思路,设计指数复杂度全局优化算法,如割平面法、分支定界法,针对不同类型的问题设计的算法通常具有一定的共性,通常可以形成统一的算法框架。因此,我们称之为通用全局优化方法。接下来,我们重点介绍一类最常见的通用全局优化方法,即分支定界算法。

1.3.1 分支定界方法介绍

在通用全局优化方法中,虽然算法通常具有指数复杂度,但是,在实际计算中,针对中小规模的问题实例,算法的计算效率往往在一定程度上仍然可满足实际需求。实际上,经典的算法复杂性理论主要以算法在求解不同实例的最坏情形复杂度作为衡量标准。然而,在对实际问题进行求解时,算法很少真正达到最坏情形复杂度。对于来源于真实应用场景的问题实例,其参数往往服从某种特定的分布。在实际应用中,全局优化方法的平均计算复杂度(也叫经验复杂度,通常采用数值模拟方法进行估计)通常远远低于最坏情形复杂度。因此,针对全局优化算法来说,最坏情形复杂度并不能有效衡量算法的实用性。相比之下,通过实验模拟得到的经验复杂度往往更具有参考价值。

在全局优化领域,求解 NP-hard 二次规划问题的最有效的全局优化算法之一就是分支定界算法[37-39]。分支定界策略是一类经过巧妙设计的枚举策略,通过估计每个分支问题目标值的上界和下界,预先判断哪些分支不可能存在全局最优解,以及哪些分支最可能存在全局最优解,由此提高枚举效率。对于优化问题,分支定界法的主要思想是将原问题松弛为简单的凸优化问题(或相对容易求解的非凸优化问题),通过求解松弛问题,得到原问题的下界值。在此基础上,对可行域进行切分,由此构造更小范围可行域上的子问题,并对子问题进一步构造松弛问题,估计子问题最优解的下界值,以此类推,最终实现枚举策略。

分支定界算法中的一个重要的环节就是对非凸问题进行凸松弛。在文献中,学者们提出了不同类型的松弛技术,包括线性松弛[40]、凸二次松弛[41,42]、拉格朗日松弛[43],二阶锥松弛[44],以及半正定松弛[45,46]等。其中,著名的商业优化软件 BARON 作为最具代表性的全局优化软件,采用了线性松弛的技术[47]。另外,分支定界算法设计中,通常进一步将割平面技术与具体的松弛技术相结合,由此实现效率更高的分支割平面算法[48]。实际上,割平面方法最早用于求解整数规划问题[49],随后也被应用于求解非线性规划问题。其主要思想是将离散优化问题/非凸优化问题松弛为连续凸优化问题,并设计割平面(即线性不等式),对松弛问题最优解与原问题的可行域进行分离,切除不必要的松弛区域,由此进一步降低松弛间隙。通过将割平面技术引入到分支定界算法中,通常可显著提高分支定界算法的枚举效率。

分支定界算法中的另一个重要环节就是分支策略。其中,最常用的分支策略就是对每个单独的变量的可行区域范围进行划分。记问题可行域为 F,构造如下区域:

$$B = \{x \in \mathbf{R}^n \,|\, x_i \in B_i, i = 1, 2, \cdots, n\} \supset F$$

其中,$B_i \subseteq \mathbf{R}$ 表示可行域 F 在变量 x_i 方向的投影集合(或投影集合的近似估计)。经典的分支定界算法在每一次分支过程中,选择其中一个变量 x_i 作为分支变量,并将其对应的集合 B_i 划分为两个子集合,由此构造两个子问题。以此类推,算法在分支枚举过程中不断地将集合 B 划分为一系列子集合,由此构造可行区域更小的子问题,并实现枚举策略,直到找到问题的(在一定误差界范围内的)全局最优解。我们将上述经典的可行域切分策略称为箱式切分策略。除箱式切分策略外,我们也可采用一些特殊的切分策略。例如,文献[38]提出了三角形切分策略:将箱式集合 B 分解成若干个二维三角形以及若干个矩形的 Cartesian 乘积,由此实现可行域划分。采用三角形切分策略后,可进一步利用三角形可行域的结构特点挖掘高质量的有效不等式,从而改进下界质量。矩形切分策略和三角形切分策略均是对问题变量的可行域范围进行划分的策略。实际上,我们也可以采用非可行域划分策略,特别是基于问题结构的划分策略。例如,文献[37]提出了基于互补松弛条件的可行域划分策略:当问题满足一定约束规格时,问题的全局最优解一定满足 KKT 条件。利用 KKT 条件的互补性关系,可进一步实现二分策略,最终在有限次分支后得到问题的全局最优解。

松弛策略和分支策略作为分支定界算法的两个重要环节,彼此之间并不独立。对于具体的松弛策略,通过采用恰当的分支技术,有望进一步改进松弛问题的求解效率。例如,Buchheim 等人针对具有严格凸目标函数的整数二次规划问题提出了一类特殊的分支定界算法[50]。该分支定界算法采用信赖域子问题进行下界计算,进一步,通过采用特殊的分支策略,使得分支过程中子问题按照特定的顺序进行选择,由此利用父节点松弛问题的最优解作为初始解,求解子节点松弛问题的最优解,并将信赖域子问题的计算复杂度降低到了 $O(n)$ 的数量级。文献[50]相关实验结果进一步以实验证实了该方法的有效性。

1.3.2 非凸复变量二次规划相关研究介绍

上一节介绍了求解非凸二次规划问题的分支定界算法。然而,这些算法均是针对实变量二次规划问题情形设计的,在设计过程中并未考虑复变量二次规划问题的相关结构特点。如果将上述方法直接用于求解复变量二次规划问题,通常无法达到理想的求解效率。

实际上,复变量问题作为工程应用中的一类常见问题,引起了广泛关注,在现有文献中,大部分工作致力于设计求解该类问题的近似算法,或致力于对隐凸问题设计特殊的全局优化算法。在近似算法方面,综述文献[1,2,12]给出了非常全面的介绍,并讨论了相关方法在电力系统和通信技术中的相关应用。在隐凸性挖掘方面,文献[16,18,51-53]针对不同类型的二次规划问题分别进行了讨论。此外,文献[54,55]进一步将隐凸性方法应用于求解具体的信号处理问题,并结合问题结构设计了特殊的全局优化求解方法。但是,很少有文献专门研究本质非凸情形复变量二次规划问题的通用全局优化算法。

例如,文献[26,56]针对电力系统中的最优潮流计算问题的复变量二次规划模型设计了分支定界算法。文献[57]针对复变量二次规划问题提出了基于分支割平面技术的全局优化算法,该算法充分利用复变量问题结构特点进行割平面设计,由此实现了非常高的求解效率。

从问题结构上看,复变量二次规划问题与实变量二次规划问题具有显著差异。实际上,单个复变量具有二维自由度,其实部和虚部可看作两个独立的变量。从这个角度讲,任何一个 n 维的复变量二次规划问题均可看作 $2n$ 维的实变量二次规划问题。在本书后续章节中,我们将通过实验证实:直接采用传统的实变量二次规划问题相关分支定界算法处理复变量问题,通常无法达到令人满意的求解效率。实际上,复变量的实部和虚部在特定约束条件下具有很强的相关性,特别是在复变量模与辐角约束下,我们可充分利用实部和虚部的相关性挖掘割平面,从而实现效率更高的分支割平面算法。在现有工作中,文献[51,53,58]均利用复变量问题所特有的结构特点,得到了比实变量问题情形更深刻的理论结果。此外,在分支定界算法方面,文献[57]针对复变量可行域的特有结构,设计了有效的割平面策略。由此可见,我们只有对复变量问题进行专门研究,才能得到更有效的求解方法。

1.4　本书内容安排

全书主要内容分为三部分,具体内容如下:

第一部分,主要包含第 2 章。我们将介绍非凸二次规划问题的几类典型的凸松弛方法,这些松弛方法将作为全局优化方法的重要基础,广泛应用于后续章节。

第二部分,主要包含第 3 章至第 6 章。我们将介绍几类典型的分支定界算法。按照下界方法分类,我们将分别介绍采用线性松弛、凸二次松弛、半正定松弛的分支定界算法。按照问题分类,我们将在第 3 章和第 4 章讨论实变量二次规划问题,在第 5 章和第 6 章讨论复变量问题情形。

第三部分,主要包含第 7 章至第 9 章。我们选取三类典型的工程实践中的具体二次规划应用问题,并针对这些应用问题设计有效的全局优化算法,由此展示全局优化方法在工程实践中的实用价值。

第 2 章　非凸二次规划问题的凸松弛方法

对非凸优化问题设计有效的凸松弛方法是全局优化领域中的一个核心问题。凸松弛方法在分支定界算法设计中尤其重要,通常是实现下界方法的必备环节。以极小化问题为例,通过对原问题进行凸松弛,并采用适当的凸优化算法对松弛问题进行求解,由此得到原问题的下界,从而进一步实现分支定界策略。

在分支定界算法中,下界方法的两个方面的性能对分支定界算法的整体效率具有重要影响:下界质量和下界计算效率。其中,下界质量主要从紧度(tightness)方面来考量,通常采用松弛间隙(即松弛问题最优值与原问题最优值之间的差值的绝对值)对下界质量进行评价。下界质量越高,越有利于实现分支定界算法裁减策略,从而避免不必要的枚举。另外,下界的计算效率也是影响整个分支定界算法效率的重要因素之一。由于分支定界过程通常产生大量的分支节点,我们需要对其中大部分分支节点计算下界。因此,在整个算法运行过程中,下界计算次数通常非常大。只有采用高效率的下界计算方法,才有利于实现高效率分支定界算法。然而,在实际应用中,为了得到高质量下界,往往需要采用更复杂的凸松弛方法,并引入更多的有效不等式,从而导致下界计算效率降低。因此,我们往往需要在下界的质量和下界的计算效率两方面折中取舍,寻找最佳平衡点,从而实现整体计算效率最高的分支定界算法。

针对非凸二次规划问题和二次整数规划问题,目前学术界已经提出了不同类型的凸松弛方法。其中最典型的方法包括线性规划松弛、凸二次规划松弛、二阶锥规划松弛、半正定规划松弛、双非负锥规划松弛等。上述不同的松弛方法的下界质量和求解效率具有非常显著的差异。针对不同的非凸二次规划问题设计分支定界算法时,我们需要选择恰当的松弛方法。为了理解不同凸松弛方法的差异,本章将对上述几类典型的凸松弛方法进行介绍。

2.1 拉格朗日对偶与半正定松弛

不失一般性,以(QCQP)作为问题基本形式进行讨论。首先,针对(QCQP)问题形式,引入拉格朗日函数

$$L(x,\lambda) = \frac{1}{2}x^{\mathrm{T}}Q_0 x + c_0^{\mathrm{T}}x + \sum_{i=1}^{m}\lambda_i\left(\frac{1}{2}x^{\mathrm{T}}Q_i x + c_i^{\mathrm{T}}x - b_i\right) \quad (2.1)$$

其中,$\lambda = (\lambda_1,\lambda_2,\cdots,\lambda_m)^{\mathrm{T}} \in \mathbf{R}_+^m$ 为拉格朗日乘子。

进一步,定义对偶函数:

$$p(\lambda) = \min_{x \in \mathbf{R}^n} L(x,\lambda) \quad (2.2)$$

由此给出(QCQP)的拉格朗日对偶问题:

$$\max_{\lambda \in \mathbf{R}_+^m} p(\lambda) \quad (2.3)$$

根据弱对偶原理可知,对偶问题(2.3)的最优值一定是(QCQP)的最优值的下界,因此拉格朗日对偶问题也被称作拉格朗日松弛。此外,根据经典的对偶原理可知,对偶函数 $p(\lambda)$ 一定是凹函数,因此式(2.3)描述的对偶问题是凸优化问题,相对容易求解。

与经典拉格朗日松弛方法密切相关的一类松弛方法是半正定松弛。在半正定松弛中,我们首先引入实对称方阵 $X = xx^{\mathrm{T}} \in \mathbf{R}^{n \times n}$。在此基础上,(QCQP)问题可等价转化为如下形式:

$$\begin{aligned}
&\min \frac{1}{2}Q_0 \cdot X + c_0^{\mathrm{T}}x \\
&\mathrm{s.t.} \ \frac{1}{2}Q_i \cdot X + c_i^{\mathrm{T}}x - b_i \leqslant 0, i = 1,2,\cdots,m \\
&\quad X = xx^{\mathrm{T}}
\end{aligned} \quad (2.4)$$

在上述问题中,约束条件 $X = xx^{\mathrm{T}}$ 通常被称作秩一约束,即在该约束条件下,矩阵 X 的秩等于一。然而,由于秩一约束是非凸约束,问题(2.4)仍然是非凸优化问题。为了得到易于求解的凸松弛问题,采用 Shor 松弛策略[59],将秩一约束松弛为半正定约束 $X \geqslant xx^{\mathrm{T}}$,由此得到如下形式的半正定松弛问题:

$$\begin{aligned}
&\min \frac{1}{2}Q_0 \cdot X + c_0^{\mathrm{T}}x \\
&\mathrm{s.t.} \ \frac{1}{2}Q_i \cdot X + c_i^{\mathrm{T}}x - b_i \leqslant 0, i = 1,2,\cdots,m \\
&\quad X \geqslant xx^{\mathrm{T}}
\end{aligned} \quad (2.5)$$

上述半正定松弛方法是处理非凸二次规划问题的最典型的松弛方法之一。

实际上,半正定松弛问题(2.5)可以看作是经典的拉格朗日对偶问题(2.3)的等价问题[43]。在经典的拉格朗日对偶问题中,根据对偶函数的定义,可将问题(2.3)转化为如下形式:

$$\max_{\sigma \in \mathbf{R}, \lambda \in \mathbf{R}_+^m} \sigma$$

$$\text{s. t. } \sigma \leqslant L(x, \lambda), \forall x \in \mathbf{R}^n \tag{2.6}$$

将问题(2.6)的约束条件 $\sigma \leqslant L(x, \lambda), \forall x \in \mathbf{R}^n$ 展开,可得到如下条件:

$$L(x, \lambda) - \sigma = \frac{1}{2} x^{\mathrm{T}} Q_0 x + c_0^{\mathrm{T}} x + \sum_{i=1}^m \lambda_i \left(\frac{1}{2} x^{\mathrm{T}} Q_i x + c_i^{\mathrm{T}} x - b_i \right) - \sigma \geqslant 0, \forall x \in \mathbf{R}^n \tag{2.7}$$

将式(2.7)写为矩阵形式,可得到

$$\begin{bmatrix} 1 \\ x \end{bmatrix}^{\mathrm{T}} \begin{bmatrix} -\sigma - \sum\limits_{i=1}^m \lambda_i b_i & \left(c_0 + \sum\limits_{i=1}^m \lambda_i c_i \right)^{\mathrm{T}} \\ c_0 + \sum\limits_{i=1}^m \lambda_i c_i & \frac{1}{2} Q_0 + \sum\limits_{i=1}^m \frac{1}{2} \lambda_i Q_i \end{bmatrix} \begin{bmatrix} 1 \\ x \end{bmatrix} \geqslant 0, \forall x \in \mathbf{R}^n \tag{2.8}$$

进一步,容易证明,不等式(2.8)成立当且仅当式(2.9)成立:

$$\begin{bmatrix} -\sigma - \sum\limits_{i=1}^m \lambda_i b_i & \left(c_0 + \sum\limits_{i=1}^m \lambda_i c_i \right)^{\mathrm{T}} \\ c_0 + \sum\limits_{i=1}^m \lambda_i c_i & \frac{1}{2} Q_0 + \sum\limits_{i=1}^m \frac{1}{2} \lambda_i Q_i \end{bmatrix} \geq 0 \tag{2.9}$$

结合式(2.6)和式(2.9),最终将问题(2.3)转化为如下半正定规划问题:

$$\max_{\lambda \in \mathbf{R}_+^m} \sigma$$

$$\text{s. t. } \begin{bmatrix} -\sigma - \sum\limits_{i=1}^m \lambda_i b_i & \left(c_0 + \sum\limits_{i=1}^m \lambda_i c_i \right)^{\mathrm{T}} \\ c_0 + \sum\limits_{i=1}^m \lambda_i c_i & \frac{1}{2} Q_0 + \sum\limits_{i=1}^m \frac{1}{2} \lambda_i Q_i \end{bmatrix} \geq 0 \tag{2.10}$$

容易验证,(2.10)恰好是半正定规划问题(2.5)的对偶问题。当问题(2.5)及其对偶问题(2.10)均严格可行时,二者之间的对偶间隙一定为零,此时问题(2.3)、问题(2.5)和问题(2.10)三个问题具有相同的最优值。在实际应用中,为了使得松弛问题(2.5)的下界值为一个有界值,且为了确保内点算法可以收敛到问题(2.5)的最优解,通常假定问题(2.10)严格可行,即 Slater 条件成立。

Slater 条件:对于给定的(QCQP)问题,存在 $\lambda = (\lambda_1, \lambda_2, \cdots, \lambda_m)^{\mathrm{T}} \in \mathbf{R}_+^m$,

使得式(2.11)成立：

$$Q_0 + \sum_{i=1}^{m} \frac{1}{2}\lambda_i Q_i > 0 \qquad (2.11)$$

当(QCQP)可行，且满足 Slater 条件时，其松弛问题(2.5)可多项式时间求解，且最优值有界。

2.2 线性松弛

线性松弛是优化软件中最常用的松弛方法之一。所谓线性松弛，就是将问题的非线性项进行线性化逼近，并将其松弛为线性规划问题。线性松弛方法最早用于设计求解线性整数规划问题的分支定界算法。当我们将线性整数规划问题的整数约束松弛为连续约束后，所得到的问题就是线性松弛。随着全局优化技术发展，线性松弛方法也被用于处理非凸二次规划问题以及其他类型的非凸优化问题。

采用线性松弛作为分支定界算法的下界策略将带来非常显著的计算效率优势：一方面，目前已有的线性规划求解软件已经非常成熟，其求解效率非常高，且稳定性较好；另一方面，在线性规划求解过程中，通常可采用有效的算法热启动技术，即在分支定界算法中，当我们求解分支子节点对应的线性松弛问题时，往往采用其父节点对应的松弛问题的最优解作为初始解，从而提高算法收敛速度。针对经典的线性整数规划问题的线性松弛，一类典型的支持热启动技术的求解算法就是对偶单纯形算法。由此可见，线性松弛方法在计算效率方面具有显著优势。

本节将介绍一类非常典型的线性松弛方法，即重构线性化松弛技术 (Reformulation-Linearization Technique，RLT[40])。RLT 适用于变量存在上下界的问题情形，因此假定二次规划问题可行域存在下界 $l = [l_1, l_2, \cdots, l_n]^T \in \mathbf{R}^n$ 和上界 $u = [u_1, u_2, \cdots, u_n]^T \in \mathbf{R}^n$，使得问题的任意可行解 x 满足 $x \in [l, u]$。为简便起见，我们以如下形式的二次规划问题作为基本形式介绍线性松弛技术：

$$\min \frac{1}{2}x^T Q x + c^T x \qquad \text{(BoxQP)}$$
$$\text{s. t. } x \in [l, u]$$

首先，将(BoxQP)的目标函数展开为求和形式：

$$\frac{1}{2}\sum_{i=1}^{n}\sum_{j=1}^{n} Q_{ij} x_i x_j + \sum_{i=1}^{n} c_i x_i \qquad (2.12)$$

进一步,通过引入线性化变量 $w_{ij}=x_ix_j$,可将(BoxQP)转化为如下问题:

$$\min \frac{1}{2}\sum_{i=1}^{n}\sum_{j=1}^{n}Q_{ij}w_{ij}+\sum_{i=1}^{n}c_ix_i$$
$$\text{s. t. } w_{ij}=x_ix_j, i,j\in\{1,2,\cdots,n\} \tag{2.13}$$
$$x\in[l,u]$$

在问题(2.13)中,只有约束条件 $w_{ij}=x_ix_j$ 为非凸非线性约束,我们对其进行线性逼近。注意到在条件 $x\in[l,u]$ 下,对任意 $i,j\in\{1,2,\cdots,n\}$,不等式(2.14)一定成立:

$$\begin{cases} w_{ij}\geqslant l_ix_j+l_jx_i-l_il_j \\ w_{ij}\geqslant u_ix_j+u_jx_i-u_iu_j \\ w_{ij}\leqslant l_ix_j+u_jx_i-l_iu_j \\ w_{ij}\leqslant u_ix_j+l_jx_i-u_il_j \end{cases} \tag{2.14}$$

式(2.14)中的不等式通常被称作 RLT 不等式。采用 RLT 不等式对 $w_{ij}=x_ix_j$ 进行松弛,可最终将(BoxQP)松弛为如下形式的线性规划问题:

$$\min \frac{1}{2}\sum_{i=1}^{n}\sum_{j=1}^{n}Q_{ij}w_{ij}+\sum_{i=1}^{n}c_ix_i$$
$$\text{s. t. } w_{ij}\geqslant l_ix_j+l_jx_i-l_il_j, i,j\in\{1,2,\cdots,n\}$$
$$w_{ij}\geqslant u_ix_j+u_jx_i-u_iu_j, i,j\in\{1,2,\cdots,n\} \tag{2.15}$$
$$w_{ij}\leqslant l_ix_j+u_jx_i-l_iu_j, i,j\in\{1,2,\cdots,n\}$$
$$w_{ij}\leqslant u_ix_j+l_jx_i-u_il_j, i,j\in\{1,2,\cdots,n\}$$
$$x\in[l,u]$$

线性松弛问题(2.15)也叫作 RLT 松弛问题。在 RLT 松弛问题中,利用变量 w_{ij} 关于 i 和 j 的对称性,可进一步要求 $w_{ij}=w_{ji}$。因此,利用对称性,我们共需要引入 $n(n+1)/2$ 个独立变量。当 n 较大时,线性松弛问题中的变量个数将以 $O(n^2)$ 的规模显著增加,这在一定程度上影响了下界计算效率。然而,在很多实际问题中,二次规划模型中的二次项矩阵 Q 通常具有稀疏性,即 Q 中的非零系数的个数远远小于 $n(n+1)/2$。而在松弛问题(2.15)问题中,当参数 $Q_{ij}=0$ 时,我们将不必引入变量 w_{ij}。因此,对于稀疏二次规划问题,线性松弛方法可充分利用稀疏结构特点,大幅度减少松弛问题的变量个数,从而显著提高松弛问题的求解效率。

2.3　凸二次规划松弛

除线性松弛外,另一类非常有效的松弛方法是凸二次松弛方法。针对不同的二次规划问题类型所构造的凸二次松弛问题包括两种情形：仅含有线性约束的凸二次规划情形；带有凸二次约束的凸二次规划情形。对于第一种情形，经典的内点算法可以非常有效的求解该问题。对于第二种情形，我们往往将其转化为二阶锥规划问题再进行求解[15]。为了介绍转化过程，我们考虑如下形式的凸二次规划问题：

$$\min \frac{1}{2}x^{\mathrm{T}}Q_0 x + c_0^{\mathrm{T}}x$$

$$\text{s. t. } \frac{1}{2}x^{\mathrm{T}}Q_i x + c_i^{\mathrm{T}}x - b_i \leqslant 0, i = 1,2,\cdots,m \qquad \text{(CQCQP)}$$

其中，矩阵 $Q_0,\cdots,Q_m$ 均为实对称半正定矩阵。首先我们将问题转化为如下形式：

$$\min t^2 - \frac{1}{2}c^{\mathrm{T}}Q_0^{-1}c$$

$$\text{s. t. } \frac{1}{2}\|Q_0^{1/2}x + Q_0^{-1/2}c\|^2 \leqslant t^2 \qquad (2.16)$$

$$\frac{1}{2}x^{\mathrm{T}}Q_i x + c_i^{\mathrm{T}}x - b_i \leqslant 0, i = 1,2,\cdots,m$$

进一步，当矩阵 $Q_0,\cdots,Q_m$ 均为半正定矩阵时，约束条件

$$\frac{1}{2}x^{\mathrm{T}}Q_i x + c_i^{\mathrm{T}}x - b_i \leqslant 0, i = 1,2,\cdots,m \qquad (2.17)$$

等价于

$$\frac{1}{2}\|Q_i^{1/2}x + Q_i^{-1/2}c_i\|^2 \leqslant b_i + c^{\mathrm{T}}Q_i^{-1}c, i = 1,2,\cdots,m \qquad (2.18)$$

对不等式(2.18)不等号两侧开方，可得到如下形式的二阶锥约束：

$$\|Q_i^{1/2}x + Q_i^{-1/2}c_i\| \leqslant \sqrt{2b_i + 2c^{\mathrm{T}}Q_i^{-1}c}, i = 1,2,\cdots,m \qquad (2.19)$$

因此，凸二次约束二次规划问题（CQCQP）最终可写为如下二阶锥规划问题：

$$\min t$$

$$\text{s. t. } \|Q_0^{1/2}x + Q_0^{-1/2}c\| \leqslant \sqrt{2}t \qquad (2.20)$$

$$\|Q_i^{1/2}x + Q_i^{-1/2}c_i\| \leqslant \sqrt{2b_i + 2c^{\mathrm{T}}Q_i^{-1}c}, i = 1,2,\cdots,m$$

可以验证，若 (x^*,t^*) 为问题(2.20)的最优解，则 x^* 一定也是（CQCQP）问题最优解，其对应的最优值等于

$$(t^*)^2 - \frac{1}{2}c^{\mathrm{T}}Q_0^{-1}c \qquad (2.21)$$

由此可见，对于非凸二次约束二次规划问题，我们可采用内点算法求解其二阶锥规划等价形式，从而实现较高的计算效率。

接下来,进一步介绍更具体的非凸二次规划问题的凸二次松弛方法。简单起见,首先从最基本的 0-1 整数规划问题情形说起。考虑如下问题:

$$\min \frac{1}{2} x^{\mathrm{T}} Q x + c^{\mathrm{T}} x$$

$$\text{s. t. } x \in \{0, 1\}^n \qquad \text{(BinQP)}$$

该问题是一类经典的 NP-hard 问题,包含最大割问题[13]、BPSK 信道检测问题[60]作为其子类问题。对于(BinQP),若矩阵 Q 为半正定矩阵,则最直接的松弛方法就是将整数变量 $x \in \{0, 1\}^n$ 松弛为连续变量 $x \in [0, 1]^n$,由此得到凸二次规划松弛问题。对于一般的情形,矩阵 Q 不一定是半正定矩阵,连续松弛技术无法直接得到凸松弛问题,我们需要在对问题进行松弛之前做一些预处理[61]。容易验证,对任意 $i = 1, 2, \cdots, n$,当变量 $x_i \in \{0, 1\}$ 时,等式 $x_i^2 - x_i = 0$ 成立。因此,我们可选择恰当的参数 $\lambda = [\lambda_1, \lambda_2, \cdots, \lambda_n]^{\mathrm{T}} \in \mathbf{R}^n$,利用等式关系

$$\frac{1}{2} x^{\mathrm{T}} Q x + c^{\mathrm{T}} x = \frac{1}{2} x^{\mathrm{T}} Q x + c^{\mathrm{T}} x + \sum_{i=1}^{n} \lambda_i (x_i^2 - x_i) \qquad (2.22)$$

$$\forall x \in \{0, 1\}^n$$

寻找恰当的参数 λ,使得 $Q + 2\mathrm{Diag}(\lambda) \geq 0$ 成立。进一步,我们对整数变量进行连续松弛,由此得到如下形式的凸二次规划松弛问题:

$$\min \frac{1}{2} x^{\mathrm{T}} Q x + c^{\mathrm{T}} x + \sum_{i=1}^{n} \lambda_i (x_i^2 - x_i) \qquad (2.23)$$

$$\text{s. t. } x \in [0, 1]^n$$

关于参数的 λ 的选取策略,将在第 3 章进行详细讨论。

凸松弛问题(2.23)利用了 0-1 变量的结构特点,对二次项矩阵的对角项进行参数扰动,由此构造凸目标函数。将上述目标函数重构技术称为对角扰动技术。实际上,对角扰动技术不仅适用于处理非凸目标函数,对于如下形式的含有非凸二次约束的 0-1 整数规划问题:

$$\min \frac{1}{2} x^{\mathrm{T}} Q_0 x + c_0^{\mathrm{T}} x$$

$$\text{s. t. } \frac{1}{2} x^{\mathrm{T}} Q_i x + c_i^{\mathrm{T}} x - b_i \leqslant 0, i = 1, 2, \cdots, m \qquad (2.24)$$

$$x \in \{0, 1\}^n$$

同样可以采用对角扰动技术,同时对问题的目标函数和非凸约束进行凸重构。在此基础上,将 0-1 整数约束松弛为区间约束,并最终得到凸二次约束二次规划松弛问题。

进一步,考虑连续变量非凸二次规划问题情形。针对该类问题情形,一

类有效的凸松弛策略就是对非凸函数进行凸差分解（即 Difference of Convex Decomposition，DC 分解），由此得到凸松弛[10,62-64]。简单起见，我们以非凸箱式约束二次规划问题（参见前文的（BoxQP）问题形式）作为基本形式对 DC 分解技术进行介绍。考虑（BoxQP）的目标函数，对其进行如下分解[64,65]：

$$\frac{1}{2}x^\mathrm{T}Qx + c^\mathrm{T}x = \frac{1}{2}x^\mathrm{T}Qx + c^\mathrm{T}x + \sum_{i=1}^{n}\lambda_i(x_i^2 - x_i^2)$$

$$= \frac{1}{2}x^\mathrm{T}[Q + 2\mathrm{Diag}(\lambda)]x + c^\mathrm{T}x - \sum_{i=1}^{n}\lambda_i x_i^2 \quad (2.25)$$

式中：$\lambda = [\lambda_1, \lambda_2, \cdots, \lambda_n]^\mathrm{T} \in \mathbf{R}_+^n$ 为非负实数向量，且满足 $Q + 2\mathrm{Diag}(\lambda) \geqslant 0$。在上述分解中，对任意 $i = 1, 2, \cdots, n$，若 $\lambda_i > 0$，则 $-\lambda_i x_i^2$ 为非凸项。我们需要将其松弛为凸函数。容易验证，当变量 $x_i \in [l_i, u_i]$，且 $\lambda_i > 0$ 时，有 $-\lambda_i x_i^2 \geqslant -\lambda_i[(l_i + u_i)x_i - l_i u_i]$，因此得到不等式

$$\frac{1}{2}x^\mathrm{T}Qx + c^\mathrm{T}x \geqslant \frac{1}{2}x^\mathrm{T}[Q + 2\mathrm{Diag}(\lambda)]x + c^\mathrm{T}x - \sum_{i=1}^{n}\lambda_i[(l_i + u_i)x_i - l_i u_i]$$

$$(2.26)$$

利用不等式（2.26），可将（BoxQP）最终松弛为如下凸二次规划问题：

$$\min \frac{1}{2}x^\mathrm{T}[Q + 2\mathrm{Diag}(\lambda)]x + c^\mathrm{T}x - \sum_{i=1}^{n}\lambda_i[(l_i + u_i)x_i - l_i u_i]$$

$$\mathrm{s.\,t.}\ \ x \in [l, u] \quad (2.27)$$

上述过程与 0-1 二次规划的对角扰动凸重构技术具有一定的相似性，即均对问题二次项矩阵对角项进行参数扰动，重新构造凸目标函数。两种方法不同之处在于，对于 0-1 二次规划问题，由于 $x_i^2 = x_i$，因此，对任意 $\lambda_i \in \mathbf{R}$，可直接将 $\lambda_i x_i^2$ 替换为 $\lambda_i x_i$。另外，对于（BoxQP）问题，等式 $x_i^2 = x_i$ 不再成立，此时，我们将非凸分解项 $-\lambda_i x_i^2$ 松弛为 $-\lambda_i x_i^2 \geqslant -\lambda_i[(l_i + u_i)x_i - l_i u_i]$。上述松弛形式受到可行域上下界区间 $[l_i, u_i]$ 的影响，因此，在分支定界算法实现中，随着分支过程不断进行，我们需要根据分支节点对应的具体区间构造相应的松弛问题。

除对角扰动策略外，针对二次规划问题的另一类 DC 分解策略是特征根扰动策略[63]。考虑如下形式的二次规划问题：

$$\min \frac{1}{2}x^\mathrm{T}Qx + c^\mathrm{T}x$$

$$\mathrm{s.\,t.}\ \ x \in F \quad (2.28)$$

其中，$F \subset \mathbf{R}^n$ 为空间中的有界多面体集合。对于目标函数二次项矩阵 Q，对其进行特征分解：

$$Q = \sum_{i \in P} \lambda_i v_i v_i^{\mathrm{T}} - \sum_{i \in N} \lambda_i v_i v_i^{\mathrm{T}} \qquad (2.29)$$

式中：P 和 N 分别表示矩阵 Q 的正特征根和负特征根对应的指标集合；$\lambda_i \geqslant 0$，且向量组 $\{v_i \mid i \in P \bigcup N\}$ 为单位正交向量组。

引入矩阵

$$Q_P = \sum_{i \in P} \lambda_i v_i v_i^{\mathrm{T}} \qquad (2.30)$$

并对所有 $i \in N$，引入变量 $t_i = v_i^{\mathrm{T}} x$，从而将问题（2.28）转化为如下形式：

$$\min \frac{1}{2} x^{\mathrm{T}} Q_P x + c^{\mathrm{T}} x - \sum_{i \in N} \lambda_i t_i^2$$
$$\text{s. t. } t_i = v_i^{\mathrm{T}} x, i \in N \qquad (2.31)$$
$$x \in F$$

由于可行域 F 为有界多面体集合，我们求解 $l_i = \min_{x \in F} v_i^{\mathrm{T}} x$，$u_i = \max_{x \in F} v_i^{\mathrm{T}} x$，则对任意 $t_i \in [l_i, u_i]$，可得到如下不等式：

$$-\lambda_i t_i^2 \geqslant -\lambda_i [(l_i + u_i) t_i - l_i u_i] \qquad (2.32)$$

因此，对于问题（2.28）的目标函数，可得到如下不等式：

$$\frac{1}{2} x^{\mathrm{T}} Q_P x + c^{\mathrm{T}} x - \sum_{i \in N} \lambda_i t_i^2 \geqslant \frac{1}{2} x^{\mathrm{T}} Q_P x + c^{\mathrm{T}} x$$
$$- \sum_{i \in N} \lambda_i [(l_i + u_i) t_i - l_i u_i] \qquad (2.33)$$

基于不等式（2.33），最终构造如下形式的凸松弛问题：

$$\min \frac{1}{2} x^{\mathrm{T}} Q_P x + c^{\mathrm{T}} x - \sum_{i \in N} \lambda_i [(l_i + u_i) t_i - l_i u_i]$$
$$\text{s. t. } t_i = v_i^{\mathrm{T}} x, i \in N \qquad (2.34)$$
$$x \in F$$

上述凸松弛构造过程被称作特征分解法。特征分解法和对角扰动法均是处理非凸二次规划问题的典型 DC 分解策略。容易验证，该方法也可扩展到更一般的二次规划问题情形。对于含有非凸二次约束的二次规划问题，当问题变量有界时，上述两类 DC 分解策略同样适用于对非凸二次约束进行凸松弛。

对于一般情形整数二次规划问题（IQCQP），由于其缺少 0-1 二次规划问题的特殊结构，对其进行松弛往往相对困难。通常情况下，我们首先将问题的整数约束松弛为连续约束，从而得到连续变量二次规划问题。在此基础上，我们进一步采用连续变量非凸二次规划问题的 DC 分解方法，将非凸目标函数和非凸二次约束进行凸松弛，由此最终得到凸二次约束二次规划松弛问题。

2.4 锥规划松弛

在最优化理论发展过程中,半正定规划和拉格朗日松弛方法在很长一段时间都被认为是非凸二次规划问题最有效的松弛方法。然而,随着全局优化技术的不断进步,学者们逐渐发现了质量更高的松弛方法,其中一类典型的方法就是文献[66]所介绍的 SDP＋RLT 方法。在该文献中,Anstreicher 教授证明了半正定松弛方法和 RLT 松弛方法相比,没有任何一种方法始终比另一种方法更紧。在半正定松弛基础上,进一步引入 RLT 不等式,则可以得到质量更高的 SDP＋RLT 松弛方法。为了介绍相关方法,我们首先考虑如下形式的二次规划问题:

$$\min \frac{1}{2} x^{\mathrm{T}} Q x + c^{\mathrm{T}} x \tag{2.35}$$
$$\text{s. t. } x \in F$$

其中,F 表示问题可行域,针对该问题,我们采用类似半定松弛的方法,引入矩阵 $X = xx^{\mathrm{T}}$,在此基础上,我们将问题转化为如下形式:

$$\min \frac{1}{2} Q \cdot X + c^{\mathrm{T}} x \tag{2.36}$$
$$\text{s. t. } X = xx^{\mathrm{T}}, x \in F$$

为了对上述问题进行凸松弛,我们首先引入集合

$$G = \left\{ Y \in \mathbf{R}^{(n+1)\times(n+1)} \middle| Y = \begin{bmatrix} 1 & x^{\mathrm{T}} \\ x & X \end{bmatrix} = \begin{bmatrix} 1 \\ x \end{bmatrix} \begin{bmatrix} 1 & x^{\mathrm{T}} \end{bmatrix}, x \in F \right\} \tag{2.37}$$

从而,问题可转化为如下形式[52,67,68]:

$$\min \frac{1}{2} \begin{bmatrix} 0 & c^{\mathrm{T}} \\ c & Q \end{bmatrix} \cdot Y \tag{2.38}$$
$$\text{s. t. } Y \in G$$

此时,问题的目标函数为关于 Y 的线性函数。容易验证,当问题目标函数为线性函数时,我们可将问题的可行域松弛为其凸包,且保持松弛问题与原问题的等价性。因此,问题(2.35)可最终转化为如下形式[68]:

$$\min \frac{1}{2} \begin{bmatrix} 0 & c^{\mathrm{T}} \\ c & Q \end{bmatrix} \cdot Y \tag{2.39}$$
$$\text{s. t. } Y \in \mathrm{conv}(G)$$

上述问题虽然是凸优化问题,但是,由于集合 $\mathrm{conv}(G)$ 通常无法显式表示,

因此该问题仍然很难求解。为了得到易于求解的凸松弛问题,我们需要进一步对凸包集合 conv(G) 的结构进行分析,并由此挖掘有效不等式来定义可显式表示的凸松弛问题。例如,我们可以验证如下包含关系成立:

$$\text{conv}(G) \subseteq \{Y \in \mathbf{R}^{(n+1)\times(n+1)} \,|\, Y_{11} = 1, Y \geq 0\} \qquad (2.40)$$

基于上述关系式对 (2.39) 进行松弛,可以得到问题 (2.35) 的半正定松弛。但是,仅加入约束 $Y_{11} = 1$ 的半正定松弛显然过于简单。因此,我们通常在此基础上挖掘更多的线性约束条件来逼近集合 conv(G)。为了挖掘更多的约束条件,我们需要进一步利用问题的约束形式。例如,对于如下形式的问题:

$$\min \frac{1}{2} x^{\mathrm{T}} Q_0 x + c_0^{\mathrm{T}} x$$

$$\text{s. t. } \frac{1}{2} x^{\mathrm{T}} Q_i x + c_i^{\mathrm{T}} x - b_i \leqslant 0, i = 1, 2, \cdots, m \qquad (2.41)$$

$$l_i \leqslant x_i \leqslant u_i, i = 1, 2, \cdots, n$$

利用其约束条件的具体形式挖掘集合 conv(G) 的结构,可得到如下松弛:

$$\min \frac{1}{2} Q_0 \cdot X + c_0^{\mathrm{T}} x$$

$$\text{s. t. } \frac{1}{2} Q_i \cdot X + c_i^{\mathrm{T}} x - b_i \leqslant 0, i = 1, 2, \cdots, m$$

$$X_{ij} \geqslant l_i x_j + l_j x_i - l_i l_j, i, j \in \{1, 2, \cdots, n\}$$

$$X_{ij} \geqslant u_i x_j + u_j x_i - u_i u_j, i, j \in \{1, 2, \cdots, n\} \qquad (2.42)$$

$$X_{ij} \leqslant l_i x_j + u_j x_i - l_i u_j, i, j \in \{1, 2, \cdots, n\}$$

$$X_{ij} \leqslant u_i x_j + l_j x_i - u_i l_j, i, j \in \{1, 2, \cdots, n\}$$

$$X \succeq x x^{\mathrm{T}}$$

该松弛问题即文献 [66] 提出的 SDP+RLT 松弛方法,其中 SDP+RLT 表示该松弛方法同时采用了半正定松弛约束以及 RLT 不等式约束。文献 [66] 进一步指出:SDP+RLT 松弛比 SDP 松弛和 RLT 松弛更紧,而且改进效果非常明显。

　　SDP+RLT 松弛方法虽然可以提供质量极高的下界,但是并不易于求解。当我们采用内点算法对其进行求解时,虽然算法具有多项式时间复杂度,但计算效率往往非常低。主要原因在于,当问题参数比较稠密时,问题 (2.42) 所包含的线性约束的个数为 $O(n^2)$ 数量级,这将导致内点算法在求解牛顿方向的步骤的复杂度急剧上升。通常情况下,SDP+RLT 松弛方法很少在分支定界算法中直接作为下界方法。更多的时候,我们利用 SDP+RLT 的结构特点挖掘相对容易处理的有效不等式,从而进一步设计计算效率较高的其他松弛方法。

　　为了实现高质量的松弛方法,使其下界接近 SDP＋RLT 松弛方法得到的下界,且保持较理想的求解效率,学者们提出了不同的实用方法。例如,早在 SDP＋RLT 方法提出之前,Sherali 和 Fraticelli 曾提出过利用线性不等式约束来逼近半正定约束的思想[69]。在半正定约束中,n 维半正定矩阵约束条件 $X \geq 0$ 等价于 $v^{\mathrm{T}} X v \geq 0$ 对任意向量 $v \in \mathbf{R}^n$ 成立。若选取有限个向量 $v_1, v_2, \cdots, v_r$,并以 $v_i^{\mathrm{T}} X v_i \geq 0, i = 1, 2, \cdots, r$ 代替 SDP＋RLT 松弛中的半正定约束条件 $X \geq 0$,则可将 SDP＋RLT 进一步松弛为线性规划问题,其求解复杂度也将显著降低。但是,上述方法在实际应用中存在两方面问题:一方面,通常需要引入大量形如 $v_i^{\mathrm{T}} X v_i \geq 0$ 的不等式约束,才可达到较理想的松弛效果;另外,在计算机算法实现中,每项约束条件 $v_i^{\mathrm{T}} X v_i \geq 0$ 需要占用的内存为 $O(n^2)$ 数量级,当大量引入该类约束后,对计算机的内存要求将非常高。针对上述缺陷,Quallzza 等提出了稀疏约束化策略[70],即对 $v_i^{\mathrm{T}} X v_i \geq 0$ 约束进行稀疏处理,仅保留约束条件中对松弛效果影响最大的非零参数,并将其他参数重置为零,从而大幅度降低存储量,使得该类方法实用化。

　　SDP＋RLT 松弛方法需要利用箱式约束条件 $x \in [l, u]$ 来构造 RLT 不等式。作为一类特殊情形,如果问题(2.41)的箱式约束变为非负约束 $x \geq 0$,即问题可行域不存在上界,且下界 $l = 0$,则在 4 类 RLT 不等式中,只有 $X_{ij} \geq l_i x_j + l_j x_i - l_i l_j$ 仍然适用,此时 RLT 不等式退化为 $X_{ij} \geq 0$,相应地,SDP＋RLT 问题退化为如下形式的松弛问题:

$$\min \frac{1}{2} Q_0 \cdot X + c_0^{\mathrm{T}} x$$

$$\text{s.t. } \frac{1}{2} Q_i \cdot X + c_i^{\mathrm{T}} x - b_i \leqslant 0, i = 1, 2, \cdots, m \tag{2.43}$$

$$X \geq x x^{\mathrm{T}}, X \geqslant 0, x \geqslant 0$$

实际上,约束条件 $X \geq x x^{\mathrm{T}}, X \geqslant 0, x \geqslant 0$ 等价于

$$Y = \begin{bmatrix} 1 & x^{\mathrm{T}} \\ x & X \end{bmatrix}, Y \geq 0, Y \geqslant 0 \tag{2.44}$$

由于在上述问题中,约束条件 $Y \geq 0$ 为经典的半正定约束,而 $Y \geqslant 0$ 为非负矩阵约束,我们以 S^{n+1} 和 N^{n+1} 分别表示全体 $n+1$ 阶的半正定矩阵和全体 $n+1$ 阶的非负矩阵构成的集合。显然,S^{n+1} 和 N^{n+1} 均为矩阵空间中的锥集合。两类锥的交集定义的锥集合 $S^{n+1} \bigcap N^{n+1}$ 通常被称作双非负锥。相应地,锥规划问题(2.44)也被称作双非负规划问题。类似 SDP＋RLT 松弛问题,由于双非负规划问题中的约束条件 $X \geqslant 0$ 对应 $O(n^2)$ 数量级的线性约束,当我们采用经典的内点算法对其进行求解时,计算效率往往非常低。但是,由于双非负锥具有良好的结构特点,充分利用这些结构,可设计特殊的

一阶算法对其进行求解,且求解效率通常显著高于经典的内点算法。在这方面,典型的算法包括增广拉格朗日法、交替方向法等[71-75]。

　　除 SDP＋RLT 松弛方法外,近 20 年来受到广泛关注的另一类锥松弛方法就是不同类型的矩阵锥松弛方法[52,67,68,76]。矩阵锥松弛方法将二次规划问题转化为等价的矩阵锥规划问题,并采用锥规划相关方法对问题进行求解。在各类矩阵锥松弛方法中,最典型的一类方法就是共正规划(copositive programming)松弛方法[77-80]。所谓的 n 阶共正锥,就是对任意 $x \in \mathbf{R}^n$ 均满足 $x^{\mathrm{T}}Qx \geqslant 0$ 的全体 n 阶实对称矩阵 Q 构成的矩阵锥集合。一系列典型的 NP-hard 问题,例如,标准二次规划问题[9]、二元整数二次规划问题[76]、稳定数问题[81]等,均可重构为共正规划问题,因此共正规划方法受到了广泛的关注。此外,Sturm 和张树中教授定义了非负二次函数锥的概念[52]。所谓的 n 阶非负二次函数锥,就是对于给定的非空可行域 $F \subseteq \mathbf{R}^n$,满足 $f(x) \geqslant 0$ 对任意 $x \in F$ 成立的全体二次函数 $f(x)$ 构成的锥集合。由于二次函数可表示为矩阵形式[52],因此非负二次函数锥也是一类典型的矩阵锥。可以证明,问题(2.41)可转化为定义在非负二次函数锥上的线性锥规划问题[52]。

　　上述转化过程得到的各类矩阵锥规划问题虽然是凸问题,但由于这些矩阵锥集合的边界点结构不具有可计算的显式表示方式,仍然很难直接求解。然而,通过将非凸二次规划问题转化为矩阵锥规划问题,有助于我们借助线性锥规划的相关理论,从锥规划的角度对非凸二次规划问题进行研究。这为我们提供了新的视角来分析传统非凸二次规划问题的相关性质,并由此得到新的理论与算法[67]。另外,充分挖掘矩阵锥集合的结构特点,有助于我们设计新的有效不等式。例如,针对共正锥和非负二次函数锥设计可计算逼近锥,可得到更紧的凸松弛问题[82-84]。此外,文献[68]针对一类重构的非负二次函数锥规划问题提出了自适应内逼近算法,并由此得到问题的全局最优解。

2.5　本章小结

　　本章介绍了非凸二次规划问题的凸松弛方法,包括如下几类典型方法:线性松弛、凸二次规划松弛、二阶锥规划松弛、拉格朗日对偶松弛、半正定规划松弛、双非负松弛和 SDP＋RLT 松弛。在求解非凸二次规划问题的全局优化算法设计方面,凸松弛技术往往从两个方面起到核心作用:一方面,凸松弛技术往往作为分支定界算法的基础,为算法提供下界计算方法;另一方面,凸松弛技术也有助于挖掘非凸问题的隐凸性,通过对问题进行凸松弛,并推导松弛间隙为零的充分条件,由此帮助我们发现非凸二次规划问题的可解子类。

　　在本书第 3 章至第 8 章,我们将设计不同类型的分支定界算法。在算法设计中,最关键的问题之一就是针对不同问题类型选择恰当的凸松弛方法,从而实现较高的求解效率。实际上,各类松弛方法最本质的区别在于松弛质量和计算复杂度的差异。在分支定界过程中,采用高质量的松弛方法有利于避免不必要的节点枚举过程,但是高质量的松弛方法往往需要更高的计算复杂度,从而对分支定界算法整体效率造成影响。因此,在算法设计中,我们需要在松弛质量和计算效率两方面进行折衷,选择适当的下界方法。

第3章 基于线性松弛与凸二次松弛的分支定界算法

在现有的全局优化软件中,针对非凸二次规划问题最常用的凸松弛方法包括线性松弛和凸二次松弛。例如,著名的优化软件,包括 BARON、GUROBI、SCIP 等,均采用了上述两类凸松弛方法。在现阶段,线性规划问题和凸二次规划问题的求解算法及其软件已经非常成熟,无论是学术领域还是企业界,已经开发了一系列优秀的算法工具箱(例如,CPLEX)供相关人员选择,现有工具箱已经达到了非常高的计算效率和数值稳定性。因此,采用上述两种凸松弛作为下界策略开发分支定界算法,往往可借助第三方工具箱大幅降低开发工作量,是比较理想的选择。在本章,我们将专门讨论基于线性松弛和凸二次松弛的分支定界算法。简单起见,我们以经典的 0-1 二次规划问题和标准箱式约束二次规划问题作为基本形式进行讨论。其中,0-1 二次规划问题定义如下:

$$\min F(x) = \frac{1}{2}x^{\mathsf{T}}Qx + c^{\mathsf{T}}x$$
$$\text{s. t. } x \in \{0,1\}^n \tag{BinQP}$$

标准箱式约束问题定义如下:

$$\min F(x) = \frac{1}{2}x^{\mathsf{T}}Qx + c^{\mathsf{T}}x$$
$$\text{s. t. } x \in [0,1]^n \tag{BoxQP}$$

在(BinQP)和(BoxQP)中,矩阵 $Q \in \mathbf{R}^{n \times n}$ 为实对称方阵,$c \in \mathbf{R}^n$ 为实数列向量。我们以 $F(x)$ 表示上述两类问题的目标函数。不失一般性,我们将结合上述两类基本问题形式介绍基于线性松弛和凸二次松弛的分支定界算法设计策略。相关方法可以很容易地扩展到更一般的问题形式。

3.1 求解 0-1 二次规划问题的分支定界方法

本节对问题(BinQP)讨论基于线性松弛和凸二次松弛的分支定界算

法。我们首先介绍基于线性松弛的方法，并分析该方法在求解稀疏二次规划问题时的计算效率优势。接下来，我们介绍基于凸二次松弛的分支定界算法，并讨论问题凸重构策略，以提高凸二次松弛的紧度。最后，我们随机生成(BinQP)测试算例，对上述不同类型的求解方法的计算效率进行实验比较。

3.1.1　基于线性松弛的分支定界方法

在第 2.2 节，我们介绍了变量有界二次规划问题的线性松弛方法。针对 0-1 二次规划问题，当变量满足 $x \in \{0,1\}^n$ 时，其上下界为标准矩形集合 $[l,u] = [0,1]^n$。此时，引入变量 $w_{ij} = x_i x_j$，并利用 RLT 不等式，可得到如下形式的线性松弛：

$$w_{ij} \leqslant x_i, w_{ij} \leqslant x_j, w_{ij} \geqslant 0, w_{ij} \geqslant x_i + x_j - 1 \tag{3.1}$$

实际上，由于 0-1 整数规划问题具有更特殊的结构，我们可以得到比 2.2 节更强的结果：问题(BinQP)实际上可以转化为如下形式的混合整数线性规划问题：

$$\min \frac{1}{2} \sum_{i=1}^{n} \sum_{j=1}^{n} Q_{ij} w_{ij} + c^{\mathrm{T}} x$$

$$\text{s. t. } w_{ij} \leqslant x_i, w_{ij} \leqslant x_j, w_{ij} \geqslant 0, w_{ij} \geqslant x_i + x_j - 1, i, j \in \{1, 2, \cdots, n\}$$

$$x \in \{0, 1\}^n$$

$$\tag{3.2}$$

根据问题(BinQP)形式，容易验证，当 $Q_{ij} > 0$ 时，为了使得目标函数达到最小值，问题(3.2)的最优解必然满足等式

$$w_{ij} = \max\{0, x_i + x_j - 1\} \tag{3.3}$$

而当 $Q_{ij} < 0$ 时，问题(3.2)最优解必然满足等式

$$w_{ij} = \min\{x_i, x_j\} \tag{3.4}$$

此外，容易验证，当 $x \in \{0,1\}^n$ 时，有

$$\max\{0, x_i + x_j - 1\} = \min\{x_i, x_j\} = x_i x_j \tag{3.5}$$

由此可见，当 $Q_{ij} \neq 0$ 时，问题最优解一定满足等式约束 $w_{ij} = x_i x_j$。而当 $Q_{ij} = 0$ 时，问题目标值与 w_{ij} 无关，此时可直接令 $w_{ij} = x_i x_j$。此时，问题(3.2)的最优解一定也是问题(BinQP)的最优解。

在上述线性化过程中，我们可充分利用问题的稀疏结构减少线性整数规划问题中的变量个数和不等式约束个数，并由此显著提高问题求解效率。特别地，对于稀疏问题，当 $Q_{ij} = 0$ 时，由于问题目标值与 w_{ij} 无关，我们不必引入变量 w_{ij}，而只需考虑 $Q_{ij} \neq 0$ 的情形。另外，当 $Q_{ij} > 0$ 时，由于最优解

一定满足约束条件 $w_{ij} = \max\{0, x_i + x_j - 1\}$，我们只需要保留约束条件 $w_{ij} \geq 0, w_{ij} \geq x_i + x_j - 1$，而忽略约束条件 $w_{ij} \leq x_i, w_{ij} \leq x_j$。类似地，对于 $Q_{ij} < 0$ 情形，我们只需保留约束条件 $w_{ij} \leq x_i, w_{ij} \leq x_j$，而忽略约束条件 $w_{ij} \geq 0, w_{ij} \geq x_i + x_j - 1$。最后，考虑问题对称性，可得到 $w_{ij} = w_{ji}$，因此我们只需对 $i < j$ 的情形引入变量 w_{ij}。基于上述思路，我们可充分减少问题变量个数和约束个数。为此，我们首先定义指标集合

$$J = \{(i,j) \mid Q_{ij} \neq 0, 1 \leq i < j \leq n\} \tag{3.6}$$

进一步，我们忽略 $(i,j) \notin J$ 情形的变量 w_{ij}，忽略不必要的不等式约束，并利用矩阵 Q 的对称性，将问题最终简化为如下形式：

$$
\begin{aligned}
\min \quad & \sum_{(i,j) \in J} Q_{ij} w_{ij} + c^{\mathrm{T}} x \\
\text{s.t.} \quad & w_{ij} \leq x_i, w_{ij} \leq x_j, (i,j) \in J, Q_{ij} < 0 \\
& w_{ij} \geq 0, w_{ij} \geq x_i + x_j - 1, (i,j) \in J, Q_{ij} > 0 \\
& x \in \{0,1\}^n
\end{aligned} \tag{3.7}
$$

上述问题含有 n 个 0-1 整数变量和 $|J|$ 个连续变量，以及 $2|J|$ 个线性不等式约束。当问题具有非常少的非零参数时，经过简化的问题的规模远远小于简化前的问题，此时线性松弛方法往往是最有效的松弛方法之一。在本章 3.1.4 节的数值实验部分，我们将通过实验证实线性松弛下界方法在处理稀疏问题时的计算效率优势。

在实际应用中，当我们将 0-1 二次规划问题转化为混合整数线性规划问题后，可直接采用现有的优化软件对其进行有效求解。目前已有一系列成熟的求解软件，包括 CPLEX、GUROBI 等，对该类问题达到了非常高的求解效率。实际上，现有的软件求解上述混合整数规划问题时，通常采用连续松弛的分支定界算法（或分支割平面算法），即将混合整数规划问题松弛为如下线性规划问题：

$$
\begin{aligned}
\min \quad & \sum_{(i,j) \in J} Q_{ij} w_{ij} + c^{\mathrm{T}} x \\
\text{s.t.} \quad & w_{ij} \leq x_i, w_{ij} \leq x_j, i, j \in J, Q_{ij} < 0 \\
& w_{ij} \geq 0, w_{ij} \geq x_i + x_j - 1, i, j \in J, Q_{ij} > 0 \\
& 0 \leq x \leq 1
\end{aligned} \tag{3.8}
$$

通过求解上述松弛问题得到下界，以及松弛问题的最优解 (x^*, w^*)。在分支过程中，通常可选择指标

$$i^* = \arg \max_{i \in \{1,2,\cdots,n\}} \{x_i^* - (x_i^*)^2\} \tag{3.9}$$

并以 x_{i^*} 作为分支变量，由此实现分支定界算法。实际上，将问题转化为线性整数规划问题，不仅充分利用了问题的稀疏结构降低变量的个数，而且可

以进一步利用线性整数规划领域相对成熟的割平面技术,对问题挖掘更多有效不等式,从而提高求解效率。

3.1.2 基于凸二次松弛的分支定界算法

针对(BinQP),我们进一步讨论基于凸二次松弛的分支定界算法。不失一般性,我们假定问题目标函数为凸函数,否则,我们可采用第 2 章介绍的凸重构技术,寻找恰当的参数 λ,使得 $Q+2\mathrm{Diag}(\lambda)\geq 0$ 成立,并利用等式(2.22)对目标函数进行凸重构。针对目标函数为凸二次函数的问题情形,最简单的凸松弛方法就是连续松弛方法,即将整数变量约束条件 $x\in\{0,1\}^n$ 松弛为连续变量区间约束条件 $x\in[0,1]^n$,从而得到目标函数为凸二次函数的箱式优化松弛问题。

在凸二次松弛基础上,我们进一步设计分支定界算法。在分支定界过程中,我们选择某变量 x_i 作为分支变量,将其分别指定为 0 或 1,并由此产生两个分支节点。在分支过程中,0-1 变量逐渐被确定为常数。对于具体的分支节点,记指标集合 $K\subseteq\{1,2,\cdots,n\}$ 为取值尚未确定的变量(即在该节点处尚未参与分支过程的变量)对应的指标集合,而 $N=\{1,2,\cdots,n\}/K$ 表示取值已确定的变量对应的指标集合。当问题二次项矩阵 Q 半正定时,相应的子矩阵 Q_{KK} 一定也是半正定的。在该分支节点中,变量 x_N 的取值已确定,记该节点处变量 x_N 取值为常数 $\bar{x}_N$,则在该节点处的连续松弛问题可写为如下形式:

$$\min F(x) = \frac{1}{2}x^\mathrm{T}Qx + c^\mathrm{T}x$$
$$\text{s.t. } x_K \in [0,1]^{|K|} \tag{3.10}$$
$$x_N = \bar{x}_N$$

由于问题(3.10)的定义依赖于 K 和 $\bar{x}_N$ 的具体取值,简便起见,我们记问题(3.10)为 $\mathrm{CR}(K,\bar{x}_N)$。此外,在式(3.10)中,集合 N 可以取空集,为了采用统一的符号,对于 N 为空集的情形,我们从形式上引入符号 $\bar{x}_N$,但在处理过程中,我们直接忽略约束 $x_N=\bar{x}_N$。记松弛问题 $\mathrm{CR}(K,\bar{x}_N)$ 的最优解为 $\tilde{x}$,算法选择指标

$$i^* = \arg\max_{i\in K}[\tilde{x}_i - (\tilde{x}_i)^2] \tag{3.11}$$

并以 x_{i^*} 作为分支变量,将其分别指定为 0 和 1 两种取值情形,由此进一步产生两个分支节点,从而实现分支算法。

进一步,对于松弛问题 $\mathrm{CR}(K,\bar{x}_N)$ 的最优解 $\tilde{x}$,根据问题(3.10)的形式,容易验证该解满足 $\tilde{x}_K\in[0,1]^{|K|}$,$\tilde{x}_N=\bar{x}_N\in\{0,1\}^{|N|}$。我们将 $\tilde{x}$ 的

各项进行四舍五入,由此得到舍入解 $\hat{x} = \text{Round}(\tilde{x})$,其中符号 $\text{Round}(\cdot)$ 表示舍入操作。此时 $\hat{x} \in \{0,1\}^n$ 为(BinQP)的可行解,其对应的目标值 $F(\hat{x})$ 可作为(BinQP)最优值的上界。由于算法在每个分支节点处均产生问题可行解,我们将所有可行解中的最小上界记为 U^*。

此外,在分支定界算法枚举过程中,我们在每一轮枚举中选择一个分支问题进行处理。如果当前需要处理的分支节点存在多个候选,则我们总是选取松弛下界值(即该节点对应的连续松弛问题最优值)最小的分支问题进行处理。记该下界值为 L。基于上述规则,我们不难验证,所选出的 L 一定不大于问题的最优值。

最后,容易验证,当 L 和 U^* 相等时,U^* 一定为问题的最优值。此时算法已成功找到问题的最优解。因此,当 $U^* = L$ 时,算法即可终止。在实际操作中,由于计算机都是采用有限精度数值表示,为提高算法数值稳定性,我们以不等式

$$U^* - L < \varepsilon \tag{3.12}$$

作为算法终止条件,其中 $\varepsilon > 0$ 为给定的误差界。此外,当问题的参数均为整数时,由于问题任意可行解对应的目标值均为整数,但松弛问题下界值不一定是整数,此时我们不妨取 ε 为严格小于 1 的任意实数。

基于上述描述,我们给出完整的分支定界算法,记为 BQP-BB 算法,其伪代码如图 3.1 所示。容易验证,由于问题的可行解个数为 2^n 个,算法在最坏情形下枚举的节点个数一定不超过 $2^{n+1} - 1$ 个,即算法最多经过 $2^{n+1} - 1$ 轮迭代后一定收敛。在实际计算中,算法计算复杂度通常远低于最坏情形复杂度。

3.1.3　0-1 二次规划问题的重构技术

在上一节,针对目标函数为凸函数的 0-1 二次规划问题情形,我们给出了基于凸二次松弛的分支定界算法。然而,针对一般问题情形,矩阵 Q 不一定是半正定矩阵。对于目标函数非凸的情形,我们需要对目标函数进行凸重构,即寻找参数 $\lambda = [\lambda_1, \lambda_2, \cdots, \lambda_n]^T \in \mathbf{R}^n$,满足 $Q + 2\text{Diag}(\lambda) \geq 0$,由此将目标函数替换为凸函数。然而,不同的参数 λ 将导致不同的松弛效果。为了得到理想的松弛效果,我们需要设计有效的方法,确定恰当的参数 λ。为此,我们讨论最优重构技术。

所谓最优重构,就是确定恰当的扰动参数 λ,使得连续松弛下界质量尽可能高。实际上,针对 0-1 二次规划问题,除了凸二次松弛方法外,另一类经典的松弛方法就是采用如下形式的半正定松弛:

输入 (BinQP)问题实例.

1: 令 $K = \{1, 2, \cdots, n\}$, $N = \varnothing$, $t = 0$.

2: 计算扰动参数 λ, 使得 $Q + 2\text{Diag}(\lambda) \succeq 0$, 利用(2.22)对目标函数进行重构.

3: 求解松弛问题 $\text{CR}(K, \bar{x}_N)$, 得到最优解 x^0 和最优值 L^0.

4: 计算扰动解 $\hat{x}^0 = \text{Round}(x^0)$.

5: 令 $U^* = F(\hat{x}^0)$, $x^* = \hat{x}^0$.

6: 构造活跃节点集合 $\mathcal{P}$, 将节点 $\{K, N, \bar{x}_N, x^0, L^0, \hat{x}^0\}$ 插入 $\mathcal{P}$.

7: **loop**

8:     更新 $t \leftarrow t + 1$.

9:     从 $\mathcal{P}$ 中选择一个活跃节点, 记为 $\{K^t, N^t, \bar{x}_{N^t}^t, x^t, L^t, \hat{x}^t\}$, 使得该节点的下界值 L^t 是 $\mathcal{P}$ 中所有活跃节点中下界值最小的一个.

10:     将被选出的活跃节点从 $\mathcal{P}$ 中删除.

11:     **if** $U^* - L^t \leqslant \varepsilon$ **then**

12:         返回 x^*, 算法终止.

13:     **end if**

14:     计算 $i^* = \arg \max\limits_{i \in K^t} \{\bar{x}_i^t - [\bar{x}_i^t]^2\}$.

15:     令 $K^{\text{new}} = K^t / i^*$, $N^{\text{new}} = N^t \bigcup \{i^*\}$, 定义 $\bar{x}_{N^{\text{new}}}^+$ 和 $\bar{x}_{N^{\text{new}}}^-$, 其中, 对任意 $i \in N^t$, $[\bar{x}_{N^{\text{new}}}^+]_i = [\bar{x}_{N^{\text{new}}}^-]_i = [\bar{x}_{N^t}^t]_i$, 且 $[\bar{x}_{N^{\text{new}}}^+]_{i^*} = -[\bar{x}_{N^{\text{new}}}^-]_{i^*} = 1$.

16:     求解 $\text{CR}(K^{\text{new}}, \bar{x}_{N^{\text{new}}}^+)$ 得到最优解 x^+ 和最优值 L^+.

17:     计算 $\hat{x}^+ = \text{Round}(x^+)$.

18:     **if** $L^+ \leqslant U^*$ **then**

19:         将节点 $\{K^{\text{new}}, N^{\text{new}}, \bar{x}_{N^{\text{new}}}^+, x^+, L^+, \hat{x}^+\}$ 插入 $\mathcal{P}$.

20:     **end if**

21:     **if** $U^* > F(\hat{x}^+)$ **then**

22:         更新 $U^* = F(\hat{x}^+)$, $x^* = \hat{x}^+$.

23:     **end if**

24:     求解 $\text{CR}(K^{\text{new}}, \bar{x}_{N^{\text{new}}}^-)$ 得到最优解 x^- 和最优值 L^-, 计算 $\hat{x}^+ = \text{Round}(x^-)$.

25:     **if** $L^- \leqslant U^*$ **then**

26:         将节点 $\{K^{\text{new}}, N^{\text{new}}, \bar{x}_{N^{\text{new}}}^-, x^-, L^- \hat{x}^+\}$ 插入 $\mathcal{P}$.

27:     **end if**

28:     **if** $U^* > F(\hat{x}^-)$ **then**

29:         更新 $U^* = F(\hat{x}^-)$, $x^* = \hat{x}^-$.

30:     **end if**

31: **end loop**

图 3.1   求解(BinQP)的 BQP-BB 算法

$$\min \frac{1}{2}Q \cdot X + c^{\mathrm{T}}x$$
$$\text{s. t. } X_{ii} = x_i, i = 1, 2, \cdots, n \tag{3.13}$$
$$X \geq xx^{\mathrm{T}}$$

该半正定松弛方法可实现非常理想的松弛质量。然而,上述半正定松弛问题的求解复杂度远远高于凸二次松弛问题的求解复杂度。倘若我们对问题目标函数进行有效重构,使得重构问题的连续松弛下界质量能够接近半正定松弛下界的质量,则有望实现同时具有高质量和高效率下界算法。为寻找有效的重构参数,我们考虑如下形式极大-极小问题:

$$\max_{\lambda:Q+2\mathrm{Diag}(\lambda)\geq 0} \min_{x\in[0,1]^n} \frac{1}{2}x^{\mathrm{T}}Qx + c^{\mathrm{T}}x + \sum_{i=1}^{n}\lambda_i(x_i^2 - x_i) \tag{3.14}$$

上述极大-极小问题可理解为对目标函数的对角项进行扰动,使得扰动后的矩阵 $Q+2\mathrm{Diag}(\lambda)\geq 0$ 半正定,且扰动后的目标函数在 $x\in[0,1]^n$ 范围内的最小值最大化,即使得连续松弛下界最大化。可以证明,上述极大-极小问题等价于如下形式的半正定规划问题[64]:

$$\max \frac{1}{2}\sigma$$
$$\text{s. t. } \begin{bmatrix} -\sigma & (c-\lambda)^{\mathrm{T}} \\ c-\lambda & Q+2\mathrm{Diag}(\lambda) \end{bmatrix} \geq 0 \tag{3.15}$$

通过求解半正定规划问题(3.15),即可得到最优重构参数(记为 λ^*)。容易验证,半正定规划问题(3.15)的对偶问题恰好为 0-1 二次规划问题的经典半正定松弛问题(3.13)。可以证明,采用(3.15)最优解 λ^* 作为重构参数对目标值重构后,得到的凸目标函数的连续松弛下界值恰好等于经典半正定松弛(3.13)的下界值。由此可见,采用最优重构策略可显著改进连续松弛下界质量。

当我们求解(3.15)得到参数 λ^*,可将目标函数替换为凸函数

$$\frac{1}{2}x^{\mathrm{T}}Qx + c^{\mathrm{T}}x + \sum_{i=1}^{n}\lambda_i^*(x_i^2 - x_i) \tag{3.16}$$

由此采用 BQP-BB 算法求解该问题。然而,在分支定界算法执行过程中,由于参数 λ^* 始终固定。因此,对于分支定界算法来说,只有在根节点上,目标函数(3.16)对应的连续松弛的下界才等于半正定松弛(3.13)的下界。随着可行域被划分,当部分 0-1 变量被确定为常数后,重构函数在分支子集上对应的连续松弛下界将不再等于半正定松弛的下界,尤其是随着分支节点层数加深,连续松弛下界与半正定松弛下界之间的差异将逐渐增大。由此可见,在 BQP-BB 算法运行过程中,随着分支过程不断进行,采用最优重构技术的连续松弛下界不能始终达到半正定松弛下界的质量。但是,采用重

构技术的凸二次松弛方法避免了对每个节点求解半正定规划问题,可在下界质量和计算效率方面达到更好的均衡性。

除基于极大-极小形式的凸重构策略外,文献[85]提出过另一类重构策略,即平均值最大化重构策略。实际上,随着分支定界过程不断进行,0-1变量将逐渐固定,相应的连续松弛问题可行区域也将由 n 维矩形 $[0,1]^n$ 逐渐退化为低维空间中的矩形。然而,基于极大-极小问题形式得到的凸重构问题过于关注重构函数在整个矩形 $[0,1]^n$ 上的最小值点处的取值是否足够大。随着分支过程逐渐进行,重构函数在 $[0,1]^n$ 上的最小值点很快将不再是重构函数在低维矩形空间中的最小值点。为了充分考虑重构函数在不同分支区域的下界质量的均衡性,我们采用另一类重构思想:平均值最大化思想,即寻找参数 $\lambda^{\#}$,使得重构函数在整个区间 $[0,1]^n$ 上的平均值最大化。基于上述思想,我们求解如下问题确定最优参数 $\lambda^{\#}$:

$$\max_{\lambda;Q+2\mathrm{Diag}(\lambda)\geq 0}\ \operatorname*{mean}_{x\in[0,1]^n}\ \frac{1}{2}x^{\mathrm{T}}Qx+c^{\mathrm{T}}x+\sum_{i=1}^{n}\lambda_i(x_i^2-x_i) \qquad (3.17)$$

其中,符号 mean 表示函数在给定区间上的平均值。容易验证,式(3.17)的目标函数在区间 $[0,1]^n$ 上的平均值具有如下解析表达式:

$$\operatorname*{mean}_{x\in[0,1]^n}\ \frac{1}{2}x^{\mathrm{T}}Qx+c^{\mathrm{T}}x+\sum_{i=1}^{n}\lambda_i(x_i^2-x_i)$$

$$=\int_{x\in[0,1]^n}\left[\frac{1}{2}x^{\mathrm{T}}Qx+c^{\mathrm{T}}x+\sum_{i=1}^{n}\lambda_i(x_i^2-x_i)\right]\mathrm{d}x \qquad (3.18)$$

$$=-\frac{1}{6}\sum_{i=1}^{n}\lambda_i+\int_{x\in[0,1]^n}\left(\frac{1}{2}x^{\mathrm{T}}Qx+c^{\mathrm{T}}x\right)\mathrm{d}x$$

忽略与 λ 无关的常数后,问题(3.17)可等价转化为如下半正定规划问题:

$$\max\ -\frac{1}{6}\sum_{i=1}^{n}\lambda_i$$
$$\text{s. t.}\quad Q+2\mathrm{Diag}(\lambda)\geq 0 \qquad (3.19)$$

通过求解问题(3.19),可确定最优参数 $\lambda^{\#}$,并得到重构函数。

3.1.4 数值实验

针对0-1二次规划问题,我们已经分别介绍了基于线性松弛和凸二次松弛的分支定界算法。本节将进一步通过数值实验对相关方法的计算效率进行研究。简单起见,本节以 MILP 表示采用 3.1.1 节提出的线性松弛分支定界算法,QCR1 表示采用极大-极小方式进行目标函数重构的凸二次松弛分支定界算法,QCR2 表示采用平均值最大化进行目标函数重构的凸二次松弛分支定界算法。为了对不同算法进行对比,所有实验全部在相同计算机环境下运行,均基于 MATLAB 实现,并采用 MATLAB 自带的线性规划和凸二次规划工具求解松弛问题。针对重构过程的半正定规划问题,我们采用 SeDuMi 对其进行求解[86]。

我们通过 MATLAB 随机生成测试算例,生成过程采用 Pardalos 和 Rodgers 提出的 0-1 二次规划测试问题生成方法[39],具体参数分布情况如下:对于二次项实对称矩阵 Q,当 $i \neq j$ 时,$Q_{ij} = Q_{ji}$ 服从区间 $[-50, 50]$ 上的均匀分布,而当 $i = j$ 时,令 $Q_{ij} = 0$;对于向量 c,其各项 c_i 服从区间 $[-100, 100]$ 上的均匀分布。此外,记二次项矩阵稠密度为 $d \in (0, 1]$,即 $i \neq j$ 时矩阵项 Q_{ij} 和 Q_{ji} 不等于零的概率。最后,我们对二次项矩阵 Q 进行稀疏化处理,即对任意 $i \neq j$ 的项 Q_{ij} 和 Q_{ji},依概率 $1-d$ 将其置为零。

在第一轮实验中,我们生成稠密测试算例。我们令问题参数密度 $d = 1.0$,而问题维数 n 的取值范围为 $\{15, 20, 25, 30, 40, 50, 60, 70, 80\}$ 等共计 9 组整数。对于每组特定的取值 n,共生成 15 个测试算例,由此最终生成共计 135 个测试算例。我们分别采用 MILP、QCR1 和 QCR2 三种算法求解上述算例,记录不同算法在分支定界过程中产生的枚举节点总数以及总运行时间(以秒为单位)。对于每组特定维数的问题,我们对不同方法在 15 个测试算例上的数值结果进行统计平均,相关信息列于表 3.1。

表 3.1　(BinQP)问题稠密测试算例对比实验

参数	平均迭代次数			平均计算时间		
(n, d)	QCR1	QCR2	MILP	QCR1	QCR2	MILP
(15, 1.0)	10.04	8.92	1.92	0.25	0.22	0.06
(20, 1.0)	18.12	15.44	4.84	0.49	0.41	0.32
(25, 1.0)	43.52	37.76	35.72	1.24	1.06	4.43
(30, 1.0)	90.84	75.40	136.48	2.66	2.17	34.72
(40, 1.0)	319.64	288.72	1832.60	10.51	9.29	1697.89
(50, 1.0)	929.80	898.92	—	35.47	34.27	—
(60, 1.0)	6738.92	5918.68		688.09	628.14	
(70, 1.0)	8287.32	7372.32		832.99	737.40	
(80, 1.0)	25068.50	22649.60		4678.12	4022.52	—

注:符号"—"表示该算法的平均计算时间超过 7200 秒。

结合表 3.1 中的实验结果,我们给出如下分析:对于变量个数比较少的问题情形,线性松弛下界的质量优于另外两类凸二次松弛下界,因此 MILP 算法在分支定界过程中枚举次数最少,计算效率最高。然而,随着问题维数增加,线性松弛下界的质量将快速退化,特别是当问题达到 30 维时,MILP

算法的枚举次数已经明显多于另外两类算法。由此可见,MILP 算法适用于小规模问题,但不适用于大规模问题。另外,对于采用凸二次松弛的分支定界算法,采用不同的重构技术所达到的效果也是有差异的。我们发现 QCR2 算法在枚举次数和计算时间两方面的表现均优于 QCR1 算法。由此可见,针对该类问题情形,采用平均值最大化的重构技术更有利于从整体上提高连续松弛下界质量。

在第二轮实验中,我们采用稀疏测试算例。我们选取一些典型的 (n, d) 组合,对于每组 (n, d) 组合,我们生成 15 个测试算例,并分别采用三种方法对每个问题进行求解。最后,对不同方法在每组 15 个测试算例上的数值结果进行统计平均,相关信息列于表 3.2。

表 3.2　(BinQP)问题稀疏测试算例对比实验

参数	平均迭代次数			平均计算时间		
(n, d)	QCR1	QCR2	MILP	QCR1	QCR2	MILP
(40, 0.2)	55.04	59.36	1.16	1.70	1.70	0.03
(40, 0.3)	68.24	71.40	1.32	2.64	2.66	0.11
(45, 0.4)	141.64	131.32	7.80	5.09	4.51	1.30
(40, 0.5)	193.24	185.80	65.95	6.53	6.06	13.24
(40, 0.6)	261.96	250.56	168.84	8.81	8.31	57.84
(40, 0.8)	321.52	278.32	1142.40	10.44	8.95	551.93
(60, 0.2)	478.52	633.52	1.36	19.77	25.97	0.22
(80, 0.2)	5792.36	11116.00	6.16	620.06	2262.63	8.65

根据表 3.2 所列出的结果,我们得到如下观察:对于稠密度为 $d = 0.2$ 的问题情形,MILP 算法的计算效率始终是最高的,且显著高过另外两类算法,特别对于 $n = 80$ 的问题情形,采用凸二次松弛的算法的平均计算时间达到了数百秒至数千秒,对比之下,MILP 算法的平均计算时间不到 10 秒。此外,对于 (n, d) 取值为 $(40, 0.2)$,$(40, 0.3)$,$(40, 0.4)$ 等情形,MILP 的效率也高于两类凸二次松弛方法。产生上述结果的主要原因在于线性松弛问题可有效利用参数矩阵 Q 的稀疏结构,由此大幅度降低约束个数以及变量个数。另外,对于稀疏情形,MILP 算法的平均枚举次数也优于另外两类方法,由此可见,线性松弛的下界质量也优于凸二次松弛。实际上,线性松弛的间隙主要来源于对问题二次项进行线性化逼近的过程,当问题维数较低或稠密度较低时,目标函数所包含的非零二次项的个数相对较少,因此线性化过程产生的松弛间隙也较少,下界质量相对较高。对比之下,采用凸二次松弛的两类分支定界算法在处理稠密度较低的问题情形时效率并不高。实

际上,本章所介绍凸二次松弛的重构过程无法进一步利用问题稀疏结构提高效率,因此并不适用于稀疏问题情形。

　　根据上述实验结果,我们最终给出如下结论,对于极度稀疏的问题情形,基于线性松弛的分支定界算法是最佳选择;反之,当问题维数较大,且稠密度较高时,MILP 算法效率将严重退化,此时更适合采用基于凸二次松弛的算法。

3.2　求解箱式约束二次规划问题的分支定界方法

　　进一步,我们介绍求解箱式约束二次规划问题的分支定界算法。实际上,第 2 章介绍的各类凸松弛方法包括线性松弛方法、凸二次松弛方法、半正定松弛方法、双非负松弛方法以及 SDP＋RLT 松弛方法,均适用于箱式约束二次规划问题情形。其中,在上述各类松弛方法中,SDP＋RLT 松弛方法可得到最紧的下界。然而,由于 SDP＋RLT 问题的求解复杂度相对较高,因此并不适合作为分支定界算法中的下界方法。为了在下界质量和下界计算效率两方面达到更好的均衡性,我们将采用基于线性松弛和凸二次松弛两类方法计算下界。

3.2.1　线性松弛方法

　　对于标准形式箱式约束二次规划问题(BoxQP),我们可以将其松弛为如下形式的线性规划问题:

$$\min \sum_{(i,j)\in J} Q_{ij} w_{ij} + c^{\mathrm{T}} x$$
$$\text{s. t.}\ \ w_{ij} \leqslant x_i, w_{ij} \leqslant x_j, i,j \in J, Q_{ij} < 0$$
$$w_{ij} \geqslant 0, w_{ij} \geqslant x_i + x_j - 1, i,j \in J, Q_{ij} > 0 \qquad (3.20)$$
$$0 \leqslant x \leqslant 1$$

实际上,上述线性松弛问题与前一节介绍的关于 0-1 二次规划的线性松弛问题具有相同的形式。但是,二者不同之处在于,对于 0-1 二次规划问题,我们可通过线性化技术将问题转化为等价的混合整数线性规划问题,而对于箱式约束二次规划问题,我们无法采用类似方法将其转化为等价的线性规划问题,而只能得到松弛问题。因此,针对 0-1 二次规划问题,我们可直接采用现有的线性整数规划软件对其进行处理,并借助经典的整数规划割平面技术实现效率更高的分支割平面算法,而对于箱式约束二次规划问题,将无法采用类似的实现策略。

　　对于非标准形式的箱式约束二次规划问题,当变量 $x \in [l, u]$ 时,可将问题松弛为如下形式：

$$\min \sum_{(i,j)\in J} Q_{ij} w_{ij} + c^{\mathrm{T}} x$$

$$\text{s.t. } w_{ij} \leqslant l_i x_j + u_j x_i - l_i u_j, w_{ij} \leqslant u_i x_j + l_j x_i - u_i l_j, \quad i,j \in J, Q_{ij} < 0$$

$$w_{ij} \geqslant l_i x_j + l_j x_i - l_i l_j, w_{ij} \geqslant u_i x_j + u_j x_i - u_i u_j, \quad i,j \in J, Q_{ij} > 0$$

$$l \leqslant x \leqslant u \tag{3.21}$$

基于上述线性松弛，可进一步实现分支定界算法。目前，典型的优化软件，例如 BARON 软件，即采用了形如（3.21）的松弛方式。

3.2.2　一类基于凸二次松弛的分支定界算法

如第 2 章所介绍，对于连续变量非凸二次规划问题，另一类有效的松弛策略就是对非凸函数进行 DC 分解。对于箱式二次规划问题的目标函数 $F(x)$，我们首先将其分解为两个凸二次函数之差，即寻找凸二次函数 $G(x)$ 和 $H(x)$，使得 $F(x) = G(x) - H(x)$。进一步，我们将 $-H(x)$ 松弛为凸函数 $L(x)$，使得不等式 $L(x) \leqslant -H(x)$ 对任意 $x \in [0,1]^n$ 成立。在此基础上，目标函数 $F(x)$ 可松弛为凸二次函数 $G(x) + L(x)$。对于连续变量二次规划问题，典型的 DC 分解方法包括负特征根法和对角扰动法。特别地，具体到箱式约束二次规划问题，Cambini 和 Sodinia 采用负特征根法实现了具体的分支定界算法[63]。另外，在对角扰动法中，我们将目标函数分解为

$$F(x) = \frac{1}{2} x^{\mathrm{T}} Q x + c^{\mathrm{T}} x = x^{\mathrm{T}} \left[\frac{1}{2} Q + \mathrm{Diag}(\lambda) \right] x + c^{\mathrm{T}} x - \sum_{i=1}^n \lambda_i x_i^2$$

$$\tag{3.22}$$

其中，$\lambda = (\lambda_1, \lambda_2, \cdots, \lambda_n)^{\mathrm{T}} \in \mathbf{R}_+^n$ 为非负实数参数向量。针对对角扰动法，An 和 Tao 曾建议取 $\lambda_1 = \lambda_2 = \cdots = \lambda_n = -\lambda_{\min}$，其中 $\lambda_{\min}$ 为实对称矩阵 Q 的最小特征值[62]。实际上，对于一般情形，为了得到 DC 分解，我们需令非负参数 λ 满足 $Q + 2\mathrm{Diag}(\lambda) \geqslant 0$。进一步，当 $x \in [l,u]$ 时，对任意 $i = 1,2,\cdots,n$，有

$$-(l_i + u_i) x_i + l_i u_i \leqslant -x_i^2 \tag{3.23}$$

因此，函数 $F(x)$ 可松弛为如下凸二次函数：

$$P_{[l,u]}^{\lambda}(x) = x^{\mathrm{T}} \left[\frac{1}{2} Q + \mathrm{Diag}(\lambda) \right] x + c^{\mathrm{T}} x - \sum_{i=1}^n \lambda_i (l_i + u_i) x_i + \sum_{i=1}^n \lambda_i l_i u_i$$

$$\tag{3.24}$$

显然，对任意 $x \in [l,u]$，有 $P_{[l,u]}^{\lambda}(x) \leqslant F(x)$。因此，我们最终得到如下形式的凸二次规划松弛问题（记为 DCR$^{[l,u]}$ 问题）：

$$\min P_{[l,u]}^{\lambda}(x)$$

$$\text{s.t. } x \in [l,u] \tag{3.25}$$

通过求解 DCR$^{[l,u]}$ 问题,可得到函数 $F(x)$ 在 $x \in [l, u]$ 上的下界。在上述定义的基础上,我们设计基于 DC 分解策略的分支定界算法(简称 DC-BB 算法)。该算法的具体步骤可参见图 3.2。

输入 (BoxQP)问题实例,误差界 $\varepsilon > 0$.

1: 令 $[l^0, u^0] = [0, 1]^n$, $t = 0$.

2: 计算扰动参数 λ, 使得 $Q + 2\text{Diag}(\lambda) \succeq 0$, $\lambda \geq 0$.

3: 求解松弛问题 DCR$^{[l^0, u^0]}$ 得到最优解 x^0 和最优值 L^0.

4: 令 $U^* = F(x^0)$, $x^* = x^0$

5: 构造活跃节点集合 $\mathcal{P}$, 将节点 $\{[l^0, u^0], x^0, L^0\}$ 插入 $\mathcal{P}$.

6: **loop**

7:　　更新 $t \leftarrow t + 1$.

8:　　从 $\mathcal{P}$ 中选择一个活跃节点, 记为 $\{[l^t, u^t], x^t, L^t\}$, 使得该节点的下界值 L^t 是 $\mathcal{P}$ 中所有活跃节点中下界值最小的一个.

9:　　将被选出的活跃节点从 $\mathcal{P}$ 中删除.

10:　　**if** $U^* - L^t \leqslant \varepsilon$ **then**

11:　　　　返回 x^*, 算法终止.

12:　　**end if**

13:　　对所有 $i = 1, 2, \cdots, n$, 计算 $r_i^t = \lambda_i[(l_i^t + u_i^t)x_i^t - l_i^t u_i^t - (x_i^t)^2]$.

14:　　令 $i^* = \text{argmax}_{i \in \{1, 2, \cdots, n\}} r_i^t$, $z_{i^*}^* = \frac{1}{2}(l_{i^*}^t + u_{i^*}^t)$.

15:　　构造矩形子集合 $[l^a, u^a]$, 其中 $l^a = l^t$, 对 $i \neq i^*$, 令 $u_i^a = u_i^t$, 令 $u_{i^*}^a = z_{i^*}$.

16:　　构造矩形子集合 $[l^b, u^b]$, 其中 $u^b = u^t$, 对 $i \neq i^*$, 令 $l_i^b = l_i^t$, 令 $l_{i^*}^b = z_{i^*}$.

17:　　求解松弛问题 DCR$^{[l^a, u^a]}$ 得到最优解 x^a 和最优值 L^a.

18:　　**if** $L^a \leqslant U^*$ **then**

19:　　　　将节点 $\{[l^a, u^a], x^a, L^a\}$ 插入 $\mathcal{P}$.

20:　　**end if**

21:　　**if** $U^* > F(x^a)$ **then**

22:　　　　更新 $U^* = F(x^a)$, $x^* = x^a$.

23:　　**end if**

24:　　求解松弛问题 DCR$^{[l^b, u^b]}$ 得到最优解 x^b 和最优值 L^b.

25:　　**if** $L^b \leqslant U^*$ **then**

26:　　　　将节点 $\{[l^b, u^b], x^b, L^b\}$ 插入 $\mathcal{P}$.

27:　　**end if**

28:　　**if** $U^* > F(x^b)$ **then**

29:　　　　更新 $U^* = F(x^b)$, $x^* = x^b$.

30:　　**end if**

31: **end loop**

图 3.2　求解(BoxQP)问题的 DC-BB 算法

在执行过程中，DC-BB 算法在每一轮枚举过程中都选择下界最小的分支问题(参见算法第 8 行)。我们以 v^* 表示原问题的全局最优值。显然，在第 t 轮枚举中选出的下界 L_t 满足 $L_t \leqslant v^*$。此外，为了得到目标值的上界，我们以 U^* 表示当前枚举过程产生的所有可行解对应的目标值中的最小值(上界值 U^* 的更新过程可参考算法第 4 行、第 21 行和第 28 行)。对于给定的误差界 ε，若 $U^* - L_t \leqslant \varepsilon$ 成立，则算法终止，此时有 $U^* - v^* \leqslant \varepsilon$。关于算法的收敛性，我们给出如下引理。

引理 3.1 假设参数 $\lambda = (\lambda_1, \lambda_2, \cdots, \lambda_n)^T \in \mathbf{R}_+^n$ 满足 $Q + 2\mathrm{Diag}(\lambda) \geqslant 0$，记 $\bar{x}$ 为 $\mathrm{DCR}^{[l,u]}$ 的最优解，令 $i^* = \arg \max\limits_{i \in \{1,2,\cdots,n\}} r_i$，其中 $r_i = \lambda_i [(l_i + u_i)\bar{x}_i - l_i u_i - \bar{x}_i^2]$。对给定的误差界限 $\varepsilon > 0$，定义常数

$$\delta = \left(\frac{4\varepsilon}{n\lambda_{i^*}}\right)^{\frac{1}{2}} \qquad (3.26)$$

若

$$u_{i^*} - l_{i^*} \leqslant \delta \qquad (3.27)$$

则

$$F(\bar{x}) - P_{[l,u]}^\lambda(\bar{x}) \leqslant \varepsilon \qquad (3.28)$$

成立。

证明: 在条件 $u_{i^*} - l_{i^*} \leqslant \delta$ 下，可得到

$$r_i = \lambda_i [(l_i + u_i)\bar{x}_i - l_i u_i - \bar{x}_i^2] \leqslant \lambda_i \frac{(u_{i^*} - l_{i^*})^2}{4} \leqslant \frac{\varepsilon}{n} \quad (3.29)$$

因此 $F(\bar{x}) - P_{[l,u]}^\lambda(\bar{x}) = \sum\limits_{i=1}^n r_i \leqslant \varepsilon$ 成立。

定理 3.1 对于任意给定的非负实数 $\varepsilon > 0$，DC-BB 算法必然在有限步内终止，并返回解 x^*，其满足 $F(x^*) \leqslant v^* + \varepsilon$。

证明: 根据引理 3.1 可知，对于算法选择出的 $i^* = \arg \max\limits_{i \in \{1,2,\cdots,n\}} r_i$，若其对应的变量上下界满足 $u_{i^*} - l_{i^*} \leqslant \delta$，则有 $U^* - L^t \leqslant F(\bar{x}) - L^t \leqslant \varepsilon$，此时算法在该轮循环过程中必然终止(即满足算法第 11 行的终止条件)。因此，若算法在该轮循环未终止，则必有 $u_{i^*} - l_{i^*} > \delta$，此时区间 $[l_{i^*}, u_{i^*}]$ 将被等分成两个子区间，且每个子区间的长度大于 $\delta/2$。在算法终止前，当原始可行域 $[0,1]^n$ 被划分为子集合后，每个子集合的体积将大于 $(\delta/2)^n$，由此证明算法必然在不超过 $(2/\delta)^n$ 次枚举后终止，否则算法产生的分支子集合的总体积将超过 $[0,1]^n$ 的体积，导致矛盾。

3.2.3　对角扰动最优 DC 分解策略

3.2.2 节设计了基于 DC 分解策略的分支定界算法。在算法实现过程中，我们需要确定参数 $\lambda \in \mathbf{R}^n_+$，使得 $Q + 2\mathrm{Diag}(\lambda) \geq 0$ 成立。然而，满足上述条件的参数 λ 有无穷多个。实际上，参数 λ 的选择方案对 DC-BB 算法的效率具有显著影响。An 和 Tao 利用最小特征根 $\lambda_{\min}$ 确定扰动参数 λ 的方案，虽然可确保条件 $Q + 2\mathrm{Diag}(\lambda) \geq 0$ 成立，但无法得到高质量的凸二次松弛问题。

为了改进凸二次松弛的质量，郑小金教授等学者曾提出过最优 DC 分解的思想[64]，即不仅要求 $Q + 2\mathrm{Diag}(\lambda) \geq 0$，且希望最终得到尽可能紧的凸二次松弛。因此，比较理想的扰动参数 λ 就是能够使 $\mathrm{DCR}_{[l,u]}$ 的最优值尽可能大的参数。因此，我们考虑如下形式的问题：

$$\max_{\lambda \geq 0, Q + 2\mathrm{Diag}(\lambda) \geq 0} \min_{x \in [0,1]^n} P^\lambda_{[0,1]^n}(x) \tag{3.30}$$

进一步，可以证明，该问题等价于如下形式的半正定规划问题[64]：

$$\max \frac{1}{2}\sigma$$
$$\mathrm{s.\,t.} \begin{bmatrix} -\sigma & (c-\lambda)^{\mathrm{T}} \\ c-\lambda & Q + 2\mathrm{Diag}(\lambda) \end{bmatrix} \geq 0 \tag{3.31}$$
$$\lambda \geq 0$$

通过求解上述半正定松弛问题，可以得到最优的参数 λ^*。在此基础上，我们使用 DC-BB 算法进行求解时，采用参数 λ^* 构造凸松弛问题。由于确定 λ^* 的过程需要求解半正定规划问题，与求解凸二次松弛相比，其计算复杂度将明显偏高。因此，在整个分支定界过程中，我们只在根节点求解一次半正定规划问题(3.31)，确定参数 λ^*。而在算法枚举过程中，λ^* 将不再改变。从这个角度说，最优 DC 分解技术中，参数 λ^* 的最优性是相对根节点而言的。随着分支定界过程的不断进行，在子区间上，采用固定参数 λ^* 得到的凸松弛的下界质量往往达不到半正定松弛的下界质量。但是，与半正定松弛相比，经过上述最优 DC 分解技术得到的凸松弛通常可以在下界质量和计算效率方面达到更好的均衡性。

3.2.4　非对角扰动最优分解策略

上一节提出的 DC 分解策略只考虑了对矩阵 Q 的对角项进行扰动，即引入参数 $\lambda \in \mathbf{R}^n_+$，使得 $Q + 2\mathrm{Diag}(\lambda) \geq 0$ 成立。然而，若对矩阵 Q 的非对角项也进行扰动,则有望进一步改进松弛效果。基于上述思路,本节介绍一类考虑非对角项扰动的分支定界算法。

回顾松弛函数 $P_{[l,u]}^{\lambda}(x)$,进一步将其分解为

$$P_{[l,u]}^{\lambda}(x) = P_{[l,u]}^{\lambda}(x) - x^{\mathrm{T}}Nx + x^{\mathrm{T}}Nx \qquad (3.32)$$

其中,$N \in \mathbf{R}_{+}^{n \times n}$ 为各项非负的实对称矩阵。当 $x \in [l, u]$ 时,我们有

$$x_i x_j \geqslant l_i x_j + x_i l_j - l_i l_j, \ \forall i, j \in \{1, 2, \cdots, n\} \qquad (3.33)$$

基于上述不等式,可进一步得到如下不等式

$$x^{\mathrm{T}}Nx \geqslant \sum_{i=1}^{n} \sum_{j=1}^{n} N_{ij}(l_i x_j + x_i l_j - l_i l_j) \qquad (3.34)$$

因此,我们选取恰当的对称矩阵 $N \in \mathbf{R}_{+}^{n \times n}$,使得

$$Q + 2\mathrm{Diag}(\lambda) - 2N \geqslant 0 \qquad (3.35)$$

并定义如下形式的凸松弛函数:

$$\overline{P}_{[l,u]}^{\lambda, N}(x) = P_{[l,u]}^{\lambda}(x) - x^{\mathrm{T}}Nx + \sum_{i=1}^{n} \sum_{j=1}^{n} N_{ij}(l_i x_j + x_i l_j - l_i l_j) \qquad (3.36)$$

在此基础上,我们定义改进的凸二次松弛问题(记为 Enhanced-DCR$^{[l,u]}$ 问题):

$$\begin{aligned} &\min \overline{P}_{[l,u]}^{\lambda, N}(x) \\ &\text{s. t. } x \in [l, u] \end{aligned} \qquad (3.37)$$

基于 Enhanced-DCR$^{[l,u]}$ 松弛方法,我们进一步改进 DC-BB 算法:将 DC-BB 算法的第 3、17 和 24 行的松弛问题 DCR$^{[l,u]}$ 替换为 Enhanced-DCR$^{[l,u]}$;同时将算法第 13 行的 r_i 定义修改为

$$r_i = \lambda_i \left[(l_i + u_i)x_i^t - l_i u_i - (x_i^t)^2 \right] + \sum_{j=1}^{n} N_{ij}(x_i^t - l_i^t)(x_j^t - l_j^t) \qquad (3.38)$$

经过上述修改,我们得到一个改进版本的 DC-BB 算法(简记为 EBB 算法)。为了证明算法的收敛性,我们给出如下引理。

引理 3.2 给定向量 $\lambda \in \mathbf{R}_{+}^{n}$ 和实对称矩阵 $N \in \mathbf{R}_{+}^{n \times n}$,使得 $Q + 2\mathrm{Diag}(\lambda) - 2N \geqslant 0$。记 $\overline{x}$ 为 Enhanced-DCR$^{[l,u]}$ 的最优解,令

$$i^* = \arg \max_{i \in \{1, 2, \cdots, n\}} r_i$$

则对任意 $\varepsilon > 0$,存在实数 δ,若 $u_{i^*} - l_{i^*} \leqslant \delta$ 成立,则

$$F(\overline{x}) - \overline{P}_{[l,u]}^{\lambda, N}(\overline{x}) \leqslant \varepsilon$$

证明:对任意 $i = 1, 2, \cdots, n$,由 $x_i - l_i \leqslant u_i - l_i \leqslant 1$,可得

$$r_i = \lambda_i \left[\frac{(u_i - l_i)^2}{4} + \sum_{j=1}^{n} N_{ij}(u_i - l_i) \right] \leqslant \lambda_i \left[\frac{1}{4} + \sum_{j=1}^{n} N_{ij} \right] (u_i - l_i) \qquad (3.39)$$

令 $\rho = 1/4 + \sum_{j=1}^{n} N_{ij}$，$\delta = \varepsilon/(n\rho)$。若 $u_{i^*} - l_{i^*} \leqslant \delta$ 成立，则可推出 $r_i^* \leqslant \varepsilon/n$。

进一步，可得 $F(\bar{x}) - \bar{P}_{[l,u]}^{\lambda,N}(\bar{x}) = \sum_{i=1}^{n} r_i \leqslant \varepsilon$。

基于引理 3.2，我们最终证明 EBB 算法的收敛性。

定理 3.2　对任意给定的非负实数 $\varepsilon > 0$，EBB 算法必然在有限步内终止，并返回（BoxQP）问题可行解 x^*，满足 $F(x^*) \leqslant v^* + \varepsilon$。

由于定理 3.2 与定理 3.1 的证明过程类似，故略去。

进一步，对于 EBB 算法，基于 Enhanced-DCR$^{[l,u]}$ 的下界质量也受到参数 λ 和 N 的影响。因此，基于最优 DC 分解的思想，我们试图找到理想的分解参数 (λ, N)，使得在分支定界根节点处的下界最大化（即使得问题 Enhanced-DCR$^{[l,u]}$ 在初始可行区域 $[l,u] = [0,1]^n$ 上的最优值最大化）。该问题可写成如下形式：

$$\max_{\lambda,N} \min_{x \in [0,1]^n} \bar{P}_{[l,u]}^{\lambda,N}(x)$$
$$\text{s. t.} \quad Q + 2\text{Diag}(\lambda) - 2N \geq 0 \tag{3.40}$$
$$\lambda \geqslant 0, N \geqslant 0$$

基于文献 [64] 中的定理 1，可以证明，上述极大-极小问题可转化为如下形式的半正定规划问题：

$$\max \frac{1}{2}\sigma$$
$$\text{s. t.} \quad \begin{bmatrix} -\sigma & (c-\lambda)^{\mathrm{T}} \\ c-\lambda & Q + 2\text{Diag}(\lambda) - 2N \end{bmatrix} \geq 0 \tag{3.41}$$
$$\lambda \geqslant 0, N \geqslant 0$$

在 EBB 算法实现过程中，我们同样在根节点处求解半正定规划问题 (3.41)，得到最优参数 (λ^*, N^*)。在此基础上，我们在分支定界过程中不再修改参数。因此，半正定规划问题 (3.41) 仅需求解一次，而在后续分支定界过程中，我们只需求解凸二次松弛问题，以较低的计算复杂度得到质量较高的下界值。

3.2.5　关于两类最优分解策略的进一步分析

在 DC-BB 算法的根节点预处理过程中，所求解的半正定规划问题 (3.31) 的对偶问题可写为

$$\min \frac{1}{2}Q \cdot X + c^{\mathrm{T}}x$$
$$\text{s. t. } X_{ii} \leqslant x_i, i = 1, 2, \cdots, n \qquad (3.42)$$
$$X \geqslant xx^{\mathrm{T}}$$

而在 EBB 算法根节点预处理过程中,半正定规划问题(3.41)的对偶问题可写为

$$\min \frac{1}{2}Q \cdot X + c^{\mathrm{T}}x$$
$$\text{s. t. } X_{ii} \leqslant x_i, i = 1, 2, \cdots, n \qquad (3.43)$$
$$X \geqslant xx^{\mathrm{T}}, X \geqslant 0$$

对比上述两个半正定松弛问题,我们发现,半正定规划问题(3.42)实际上是箱式约束二次规划问题的经典半正定松弛,而问题(3.43)则是问题(BoxQP)的双非负松弛。第 2 章曾介绍,双非负松弛可以看作经过简化的SDP+RLT 松弛,该松弛方法可以提供质量非常高的下界。因此,在根节点处,通过求解双非负松弛对偶问题构造出的松弛问题 Enhanced-DCR$^{[l,u]}$的松弛下界的质量高于 DCR$^{[l,u]}$松弛下界。

在 EBB 算法的预处理过程中,所求解的双非负松弛问题含有大量的线性约束,特别是约束条件 $X \geqslant 0$ 实际上等价于 $O(n^2)$ 数量级的线性不等式约束。因此,采用内点算法求解该问题的计算复杂度非常高。倘若采用内点算法进行预处理,则基于 Enhanced-DCR$^{[l,u]}$的 EBB 方法的预处理时间甚至远超过后续分支定界算法的计算时间。实际上,针对双非负规划问题,有很多其他类型的求解方法,特别是增广拉格朗日方法、交替方向法等,均可进一步利用双非负松弛问题的特殊结构,实现更高的求解效率。除了增广拉格朗日方法和交替方向法外,我们也可以利用约束条件的稀疏性,采用迭代式求解方法提高计算效率:首先,我们忽略非负约束 $X \geqslant 0$,求解经典半定松弛问题,得到最优解 $(\bar{x}, \bar{X})$,在此基础上,我们判断 $\bar{X} \geqslant 0$ 是否满足。若该约束已经满足,则我们已经得到双非负松弛问题的最优解;否则,对所有 $\bar{X}_{ij} < 0$ 的角标 (i, j),我们在经典的半正定松弛基础上有选择地加入约束条件 $X_{ij} \geqslant 0$ 并重新求解。以此类推,我们按照上述步骤,在半正定松弛的基础上逐渐添加必要的非负约束,直到得到的最优解 $(\bar{x}, \bar{X})$ 满足条件 $\bar{X} \geqslant 0$。通过实验发现,采用上述迭代求解策略求解双非负松弛问题,其计算效率远远高于直接采用内点算法求解该问题,且与增广拉格朗日方法、交替方向法相比,具有更高的数值稳定性。

3.2.6 数值实验

本节对所提出的分支定界算法效率进行实验研究。实验过程采用箱式

约束二次规划标准问题集作为测试集。在算法实现过程中,我们基于
MATLAB 实现 DC-BB 算法和 EBB 算法。在分支定界过程中,我们采用
MATLAB 自有的二次规划求解工具 quadprog 调用内点算法求解所有的
凸二次规划松弛问题。另外,在算法 DC 分解预处理过程中,我们采用
SeDuMi 求解半正定规划问题,并采用迭代策略求解双非负松弛问题。此
外,我们也下载由 Chen and Burer 开发的非凸二次规划 QUADPROGBB
算法代码[87]进行对比实验。QUADPROGBB 算法采用双非负松弛计算问题
下界,并采用一类经过专门设计的增广拉格朗日算法计算双非负松弛下
界。据作者所知,QUADPROGBB 算法是目前求解非凸箱式优化问题的最
有效的全局优化算法之一。文献[87]对比了 QUADPROGBB 算法与
BARON、COUENNE 等著名全局优化软件的计算效率,实验结果显示:在
标准测试集上,QUADPROGBB 算法的求解效率远远高于 BARON、
COUENNE 等软件。因此,我们专门选择 QUADPROGBB 与本章所提出的算
法进行效率对比,而不再采用 BARON、COUENNE 等软件进行对比实用。

在实验过程中,我们采用三个测试集合,包括基本测试集合、扩展测试
集合,以及随机测试集合,具体信息见表 3.3。上述三个测试集合共含有
160 个测试算例。其中前两个测试集合为公开测试集合,可在互联网上直
接下载获取。

表 3.3　测试集相关信息

测试集合名称	测试集合介绍
基本测试集合 (Basic Set)	该测试集合由 Vandenbussche and Nemhauser 提供,共包含 54 个测试算例,不同算例维数在 20 维至 60 维之间。基本测试集合曾在文献[37,87,88]中用于算法测试,是最经典的测试集之一
扩展测试集合 (Extended Set)	该测试集合由 Burer and Vandenbussche 提供,共包含 36 个测试算例,不同算例维数在 70 维至 100 维之间。该集合曾在文献[37,87]中用于算法测试
随机测试集合 (Random Set)	除了上述测试集合中的 90 个测试算例外,我们进一步随机生成 70 个测试算例,其中每个测试算例的矩阵 Q 以及向量 c 的各项服从[-100,100]的均匀分布

在算法实现过程中,我们选取 10^{-4} 作为误差界限终止条件,即在 DC-
BB 和 EBB 算法中,当 $|U^* - L^t| < 10^{-4}$ 时,算法终止。此外,我们将算法的
运行时间上限设置为 7200 秒,即当算法在运行 7200 秒后还未收敛,则算法
终止,并提示求解失败。我们分别采用 DC-BB、EBB 和 QUADPROGBB 三

类算法对 160 个测试算例进行求解,不同算法在不同集合上成功求解的算例个数如表 3.4 所列。

表 3.4　不同算法的总体表现

测试集合信息			全局优化算法解决的问题数量		
名　称	样例数	问题维数	DC-BB	EBB	QUADPROGBB
Basic	54	20～60	54	54	54
Extended	36	70～100	18	31	32
Random	70	20～80	68	69	70

在上述三类算法中,QUADPROGBB 成功求解的问题数量最多。从这个角度来看,QUADPROGBB 算法的稳定性最好,特别是对于最难求解的测试问题,QUADPROGBB 算法在 7200 秒内的求解成功率高于另外两类算法。但是,这并不代表 QUADPROGBB 算法在任何类型的测试问题上都是效率最高的算法,我们详细分析上述三类算法在不同问题集合上的计算效率。

3.2.6.1　DC-BB 算法和 EBB 算法对比

我们首先对 DC-BB 算法和 EBB 算法进行分析。由于测试算例数量较多,我们将不再以表格的形式列出算法的计算时间。取而代之,我们以"对数-对数图"的形式列出实验结果。所谓的对数-对数图,就是对同一个算例分别采用两种算法求解,并记录求解时间。我们将两种算法的求解时间按照对数尺度在坐标轴中画出来,如图 3.3 所示。

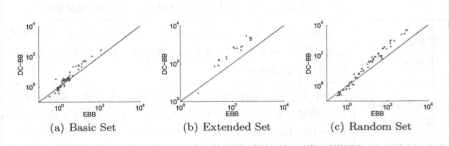

(a) Basic Set　　　　(b) Extended Set　　　　(c) Random Set

图 3.3　DC-BB 和 EBB 算法的计算时间对数-对数图

观察图 3.3 所示的结果,可以得到如下结论:对于相对简单的问题算例(此处特指采用 DC-BB 算法计算时间不超过 1 秒钟的测试算例),DC-BB 算法比 EBB 算法的计算时间更短,这主要是因为 EBB 算法的预处理步骤需要更长的计算时间。对于简单问题来说,EBB 的预处理时间甚至超过了 DC-BB 算法的总计算时间,因此效率更低。但是,除了上述简单情形外,我们从图中可以发现,对于大部分非简单问题情形,EBB 算法求解效率显著高于 DC-BB 算法。上述结果说明了,当 EBB 算法采用改进的预处理技术后,将显著降低相对复杂问题的分支定界过程的计算时间,从而实现更高的求解效率。

3.2.6.2　EBB 算法和 QUADPROGBB 算法对比

我们进一步对比 EBB 算法和 QUADPROGBB 算法。两类算法的对比结果如图 3.4 所示。

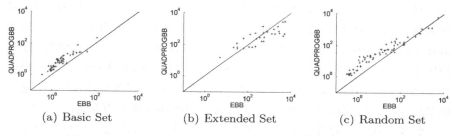

图 3.4　QUADPROGBB 和 EBB 算法的计算时间对数-对数图

从图 3.4 中可以看到,针对不同测试集上的问题,EBB 算法和 QUADPROGBB 算法计算效率差异非常大。对于中等难度的问题(即采用 EBB 算法可以在 1000 秒内解决的问题),EBB 算法效率显著高于 QUADPROGBB 算法,特别是对基本测试集合中的 54 个算例,EBB 算法在其中 53 个算例中实现了更高的计算效率。对于难度较大的问题(采用 EBB 算法的计算时间超过 1000 秒的测试问题),EBB 算法的效率普遍不如 QUADPROGBB 算法。产生上述现象的主要原因在于:EBB 算法仅仅在根节点处求解双非负松弛问题确定 DC 分解参数,而 QUADPROGBB 算法在整个分支定界过程中始终采用增广拉格朗日算法求解双非负松弛问题。因此,对于中等难度的问题,EBB 算法所采用的凸二次松弛方法可以在下界质量和下界计算效率两方面达到更好的均衡性,并实现比 QUADPROGBB 算法更高的求解效率。而对于最困难的一些问题,分支定界算法的枚举次数非常多,而经过多层分支后,继续采用 EBB 算法初始化阶段得到的最优参数(λ^*, N^*)构造凸二次松弛问题,得到的下界质量将明显不如直接求解双非负松弛问题得到的下界质量。因此,针对该类问题情形,QUADPROGBB 算法实现了更高的计算效率。

3.2.6.3　实验结果的进一步分析

基于上述实验结果,我们发现 DC-BB、EBB 和 QUADPROGBB 三种算法中,没有任何一种算法可以在任何类型的算例上达到最佳效果。该结果说明了,松弛方法作为分支定界算法最重要的环节之一,必须在下界质量和计算效率两方面进行合理的选择,由此实现均衡性最好的下界方法。

根据相关数值实验结果,我们对上述几类算法的适用范围进行简单总结:对于简单问题情形,DC-BB 算法在上述三类方法中表现最好;对于中等难度问题,EBB 算法达到了整体上的最高效率。最后,对于困难问题,QUADPROGBB 算法将是最佳选择。

然而,对于给定的(BoxQP)实例,当我们不知道其求解难度时,我们必须预先选择一个方法。经过大量实验,我们得到如下经验规则:①当问题维数在 10～30 维时,选择 DC-BB 算法;②当问题维数在 30～60 维时,选择 EBB 算法;③当问题维数大于 60 维时,选择 QUADPROGBB 算法。根据相关实验结果,我们发现基于凸二次松弛的 DC-BB 算法和 EBB 算法是求解 20～60 维问题的最佳选择。为验证上述结论,我们开展如下实验:将 160 个测试算例中的所有 20～60 维问题选出来,并对比凸二次松弛算法和 QUADPROGBB 算法的计算效率。我们按照如下规则实现凸二次松弛算法(记为 CP-BB 算法):当问题维数不超过 30 时,选用 DC-BB 算法;否则选用 EBB 算法。对所有 20～60 维测试问题,我们分别采用 CP-BB 算法和 QUADPROGBB 算法进行求解,实验结果如图 3.5 所示。通过对图 3.5 进

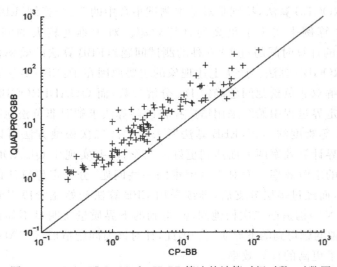

图 3.5　QUADPROGBB 和 CP-BB 算法的计算时间对数-对数图

行观察,我们发现,针对 20～60 维测试问题,CP-BB 算法比 QUADPROGBB 算法计算效率高了很多。由此可见,针对该类问题情形,凸二次松弛方法比双非负松弛方法更适合作为下界方法。

3.3　本章小结

　　本章以经典的 0-1 二次规划问题和箱式约束二次规划问题作为基本问题形式,分别对基于线性松弛和基于凸二次松弛的分支定界算法进行了讨论,对相关算法设计思想进行了介绍。

　　首先,我们介绍了线性松弛方法。在线性松弛方法中,我们可以充分利用问题的稀疏结构,大幅度降低松弛问题的变量个数,由此提高下界计算效率。进一步,我们通过实验结果证实了算法的有效性:针对稀疏或低维的 0-1 二次规划问题和箱式约束二次规划问题,基于线性松弛的分支定界算法无论在迭代次数上还是在计算时间上,均优于基于凸二次松弛策略的分支定界方法。然而,当问题稠密度较高且问题维数较大时,线性松弛的下界质量显著下降。

　　其次,我们也讨论了基于凸二次松弛的分支定界算法。在算法设计中,无论是针对 0-1 二次规划问题的重构策略,还是针对箱式约束二次规划问题的 DC 分解策略,均需要选择恰当的参数,构造有效的凸二次松弛策略,才能使得分支定界算法从整体上达到最佳计算效率。相关实验结果显示,在构造凸二次松弛的过程中,不同的参数选择策略会导致不同的计算效率,对算法性能具有非常显著的影响。针对箱式约束二次规划问题,当我们采用较有效的 DC 分解策略后,最终实现了高效率的分支定界算法,针对 20～60 维问题的情形达到了当前最快的计算效率。

第4章 基于半正定松弛的分支定界算法

第3章介绍了基于线性松弛和凸二次松弛的分支定界方法。与上述两类分支定界算法相比,采用半正定松弛的分支定界算法并不是主流算法。当前,典型的优化软件,包括 CPLEX、BARON 等,在分支定界算法实现过程中均未采用半正定松弛策略。造成上述现象的主要原因在于半正定松弛下界计算复杂度通常远高于线性松弛和凸二次松弛下界的计算复杂度,且在分支定界算法框架下难以设计有效的热启动技术提高计算效率。针对很多类型的问题,特别是稀疏结构的非凸二次规划问题,与线性松弛和凸二次松弛相比,半正定松弛在下界质量方面的优势无法弥补计算效率方面的劣势,因此不是最佳选择。

然而,并不是所有的问题类型均不适合采用半正定松弛策略。对于参数稠密度较高的非凸二次约束二次规划问题,线性松弛和凸二次松弛的下界质量并不理想。此时,半正定松弛下界质量通常远远高于另外两类松弛方法。本章将专门针对非凸稠密二次约束二次规划问题设计基于半正定松弛的分支定界算法。由于问题的非凸性主要源于目标函数和约束条件中的二次项矩阵中的负特征根,我们将充分利用二次项矩阵的特征分解结构,以特征方向作为分支方向,设计分支定界算法。通过实验将证实,针对参数稠密的非凸二次约束二次规划问题,基于半正定松弛的分支定界方法效率远远高于现有软件中的其他分支定界算法。

我们以第1章介绍的(QCQP)作为基本问题形式进行讨论。本章主要内容如下:4.1节分析(QCQP)的负特征向量与问题半正定松弛间隙之间的联系。4.2节提出基于负特征方向的分支定界算法。4.3节进一步提出积极约束策略,并改进分支定界算法计算效率。4.4节对不同类型的分支方向选取策略进行比较。最后,4.5节开展数值实验,采用各类(QCQP)测试算例,对本章所提出的算法进行数值研究。

本章所提出的算法将充分挖掘二次项矩阵谱分解结构,并利用负特征根对应的特征向量推导有效不等式。简便起见,称负特征根对应的特征向量为"负特征向量"。此外,本章以

$$\mathcal{F} = \left\{ x \in \mathbf{R}^n \ \middle| \ \frac{1}{2} x^\mathrm{T} Q_i x + c_i^\mathrm{T} x \leqslant b_i, i = 1, 2, \cdots, m \right\} \qquad (4.1)$$

表示(QCQP)的可行域。进一步,在本章范围内,始终假定如下条件成立。

假定条件 4.1　(QCQP)可行域 $\mathcal{F}$ 存在内点可行解,且存在已知常数 M > 0,使得

$$x^\mathrm{T} x \leqslant M, \quad \forall x \in \mathcal{F} \qquad (4.2)$$

成立。

4.1　松弛间隙与负特征向量的联系

我们首先研究负特征向量与问题(QCQP)的半正定松弛间隙之间的直接联系。对于(QCQP),考虑其如下形式的半正定松弛问题:

$$\min \ \frac{1}{2} Q_0 \cdot X + c_0^\mathrm{T} x$$

$$\text{s. t.} \ \frac{1}{2} Q_i \cdot X + c_i^\mathrm{T} x - b_i \leqslant 0, i = 1, 2, \cdots, m \qquad (4.3)$$

$$X \geqslant x x^\mathrm{T}$$

通常情况下,半正定松弛(4.3)将引入非零松弛间隙,因此,对非凸(QCQP)问题进行半正定松弛,我们只能得到原问题的下界值,但无法确保得到原问题最优值,甚至无法得到原问题的可行解。实际上,对于可行域非凸的(QCQP)问题,松弛问题(4.3)的可行解 (x, X) 中的 x 不一定对(QCQP)问题可行。然而,在一定条件下,松弛问题(4.3)的任意可行解 (x, X) 中的 x 可确保对(QCQP)可行。我们有如下引理。

引理 4.1　记 (x, X) 为松弛问题(4.3)的可行解,若不等式

$$Q_i \cdot X \geqslant x^\mathrm{T} Q_i x, \quad i = 1, 2, \cdots, m \qquad (4.4)$$

成立,则 x 是(QCQP)问题的可行解。

证明:根据条件(4.4),可直接推出如下不等式成立:

$$\frac{1}{2} x^\mathrm{T} Q_i x + c_i^\mathrm{T} x - b_i \leqslant \frac{1}{2} Q_i \cdot X + c_i^\mathrm{T} x - b_i \leqslant 0, i = 1, 2, \cdots, m$$

$$(4.5)$$

因此,x 是(QCQP)的可行解。证毕。

对于仅含有凸约束的(QCQP),对任意 $i = 1, 2, \cdots, m$,二次项矩阵 Q_i 均为半正定矩阵。此时,在约束条件 $X \geqslant x x^\mathrm{T}$ 下,不等式(4.4)自然成立。因此,根据引理 4.1,对于仅含凸约束的(QCQP)问题,问题(4.3)的任意可

行解(x,X)一定对应(QCQP)的可行解x。然而，对于含有非凸约束的(QCQP)问题情形，引理4.1的条件将不一定成立。实际上，由于问题(4.3)是凸优化问题，其可行域在x空间中的投影为凸集合，该集合一定包含(QCQP)问题可行域$\mathcal{F}$的凸包。由此可见，当$\mathcal{F}$为非凸集合时，松弛问题(4.3)可行域在x空间的投影一定有所扩张。

为了减小松弛间隙，我们需要设计有效不等式，对松弛造成的扩张可行域进行压缩。直观上，当(QCQP)问题为非凸问题时，一定存在$i \in \{0,1,\cdots,m\}$，相应的二次项矩阵Q_i存在负特征根。因此，问题非凸性主要源于二次矩阵的负特征根以及相应的特征向量。基于上述分析，我们对二次矩阵进行谱分解，并利用负特征向量设计有效不等式。记Q_i的特征值分解为：

$$Q_i = \sum_{j \in P_i} \lambda_j^i v_j^i (v_j^i)^{\mathrm{T}} - \sum_{j \in N_i} \lambda_j^i v_j^i (v_j^i)^{\mathrm{T}} \tag{4.6}$$

式中：P_i对应Q_i的正特征根的指标构成的集合；N_i对应Q_i的负特征根的指标构成的集合，且对任意$j \in P_i \bigcup N_i$，有$\lambda_j^i > 0$。

我们在松弛问题(4.3)的基础上加入由负特征向量构造的有效约束，得到如下问题：

$$\min \frac{1}{2} Q_0 \cdot X + c_0^{\mathrm{T}} x$$

$$\text{s. t. } \frac{1}{2} Q_i \cdot X + c_i^{\mathrm{T}} x - b_i \leqslant 0, \quad i = 1, 2, \cdots, m \tag{4.7}$$

$$(v_j^i (v_j^i)^{\mathrm{T}}) \cdot X = (x^{\mathrm{T}} v_j^i)^2, \quad \forall j \in N_i, i = 1, 2, \cdots, m$$

$$X \geqslant xx^{\mathrm{T}}$$

容易验证，任意满足$(x,X) \in \{(x,X) \mid X = xx^{\mathrm{T}}, x \in \mathcal{F}\}$的解$(x,X)$均是问题(4.7)的可行解，因此(4.7)是(QCQP)的松弛问题。关于(4.7)，我们给出如下结论。

引理4.2 若(x,X)是问题(4.7)的可行解，则x是(QCQP)的可行解。

证明：记(x,X)为(4.7)的可行解，根据约束

$$(v_j^i (v_j^i)^{\mathrm{T}}) \cdot X = (x^{\mathrm{T}} v_j^i)^2, \forall j \in N_i \tag{4.8}$$

可推出对任意$i = 1,2,\cdots,m$，下式成立：

$$Q_i \cdot (X - xx^{\mathrm{T}})$$

$$= \left[\sum_{j \in P_i} \lambda_j^i v_j^i (v_j^i)^{\mathrm{T}} - \sum_{j \in N_i} \lambda_j^i v_j^i (v_j^i)^{\mathrm{T}} \right] (X - xx^{\mathrm{T}})$$

$$= \left[\sum_{j \in P_i} \lambda_j^i v_j^i (v_j^i)^{\mathrm{T}} \right] (X - xx^{\mathrm{T}}) \tag{4.9}$$

$$\geqslant 0$$

其中，(4.9)最后一行不等式是由于约束$X \geqslant xx^{\mathrm{T}}$成立。根据引理4.1可

知，x 是（QCQP）的可行解。证毕。

由此可见，在半正定松弛问题（4.3）基础上，利用负特征向量挖掘新的约束，可有效压缩松弛可行区域，使得（4.7）的可行域在 x 上的投影恰好为 $\mathcal{F}$。然而，当问题的目标函数也为非凸函数时，（4.7）与（QCQP）之间的松弛间隙仍可能大于零。为进一步减小松弛间隙，我们同样对目标函数的二次矩阵 Q_0 进行谱分解，记

$$Q_0 = \sum_{j \in P_0} \lambda_j^0 v_j^0 (v_j^0)^{\mathrm{T}} - \sum_{j \in N_0} \lambda_j^0 v_j^0 (v_j^0)^{\mathrm{T}} \tag{4.10}$$

其中，P_0 及 N_0 分别表示矩阵 Q_0 的正、负特征根对应的指标集合。进一步，基于 Q_0 的负特征向量，我们引入新的约束，由此构造如下问题：

$$\min \frac{1}{2} Q_0 \cdot X + c_0^{\mathrm{T}} x$$

$$\begin{aligned}
\text{s. t. } & \frac{1}{2} Q_i \cdot X + c_i^{\mathrm{T}} x - b_i \leqslant 0, i = 1, 2, \cdots, m \\
& [v_j^0 (v_j^0)^{\mathrm{T}}] \cdot X = (x^{\mathrm{T}} v_j^0)^2, \quad \forall j \in N_0 \\
& [v_j^i (v_j^i)^{\mathrm{T}}] \cdot X = (x^{\mathrm{T}} v_j^i)^2, \quad \forall j \in N_i, i = 1, 2, \cdots, m \\
& X \geqslant xx^{\mathrm{T}}
\end{aligned} \tag{4.11}$$

针对问题（4.11），我们给出本节主要结果。

定理 4.1　若 $(\bar{x}, \bar{X})$ 为（4.11）的最优解，则 $\bar{x}$ 为（QCQP）的最优解。

证明：根据引理 4.2 可知，$\bar{x}$ 是（QCQP）的可行解。此外，由于（4.11）是（QCQP）的松弛问题，因此如下不等式成立：

$$\frac{1}{2} Q_0 \cdot \bar{X} + c_0^{\mathrm{T}} \bar{x} \leqslant V(\text{QCQP}) \leqslant \frac{1}{2} \bar{x}^{\mathrm{T}} Q_0 \bar{x} + c_0^{\mathrm{T}} \bar{x} \tag{4.12}$$

其中，$V(\text{QCQP})$ 表示（QCQP）问题最优值，进一步，类似引理 4.2 的证明过程，可推出如下不等式成立：

$$Q_0 \cdot (\bar{X} - \overline{xx^{\mathrm{T}}}) = \Big[\sum_{j \in P_0} \lambda_j^0 v_j^0 (v_j^0)^{\mathrm{T}} - \sum_{j \in N_0} \lambda_j^0 v_j^0 (v_j^0)^{\mathrm{T}} \Big] \cdot (\bar{X} - \overline{xx^{\mathrm{T}}}) \geqslant 0 \tag{4.13}$$

根据不等式（4.12）和（4.13），可最终得到

$$\frac{1}{2} \bar{x}^{\mathrm{T}} Q_0 \bar{x} + c_0^{\mathrm{T}} \bar{x} = V(\text{QCQP}) \tag{4.14}$$

因此 $\bar{x}$ 为（QCQP）问题的最优解，证毕。

基于上述分析，我们可以得到如下结论：非凸二次约束二次规划的半正定松弛所产生的松弛间隙与二次项矩阵的负特征根及其相应的特征向量具

有直接的联系。利用负特征向量设计有效不等式，可有效降低松弛间隙。

在本章后续分析中，我们引入集合

$$V = \bigcup_{i=0}^{m} \{v_j^i \mid j \in N_i\} \tag{4.15}$$

该集合由矩阵 $Q_0, Q_1, \cdots, Q_m$ 的所有负特征向量构成。记 $r = |V|$ 为集合 V 中向量的个数。简便起见，我们对 V 中元素重新指定编号，将集合 V 表示为 $V = \{v_1, v_2, \cdots, v_r\}$。采用上述符号，将(4.11)重写为如下形式：

$$\min \frac{1}{2} Q_0 \cdot X + c_0^{\mathrm{T}} x$$

$$\text{s. t. } \frac{1}{2} Q_i \cdot X + c_i^{\mathrm{T}} x - b_i \leqslant 0, i = 1, 2, \cdots, m \tag{4.16}$$

$$(v_j v_j^{\mathrm{T}}) \cdot X = (x^{\mathrm{T}} v_j)^2, j = 1, 2, \cdots, r$$

$$X \geqslant x x^{\mathrm{T}}$$

4.2 半正定松弛与分支定界算法

通过引入有效不等式，我们构造了松弛问题(4.16)。该问题虽然不会引入非零松弛间隙，但由于问题仍然存在非凸约束，导致其求解难度并不低于(QCQP)问题。为了设计有效的求解算法，我们需要首先对(4.16)中的非凸约束进行凸松弛，由此构造易于求解的凸松弛问题，并在此基础上进一步设计求解(QCQP)的分支定界算法。

由于本章假定(QCQP)的可行域 $\mathcal{F}$ 有界，且存在已知的上界 M。因此，对任意 $v_i \in V, i = 1, 2, \cdots, r$，函数 $v_i^{\mathrm{T}} x$ 在可行域 $\mathcal{F}$ 上的上下界为有限值。假设我们得到 $v_i^{\mathrm{T}} x$ 在可行域 $\mathcal{F}$ 上的下界 l_i 和上界 u_i，满足不等式

$$l_i \leqslant \min_{x \in \mathcal{F}} v_i^{\mathrm{T}} x \leqslant \max_{x \in \mathcal{F}} v_i^{\mathrm{T}} x \leqslant u_i \tag{4.17}$$

在此基础上，进一步引入变量 (s_i, t_i)，定义

$$s_i = (v_i v_i^{\mathrm{T}}) \cdot X, t_i = v_i^{\mathrm{T}} x, i = 1, 2, \cdots, r \tag{4.18}$$

我们将(4.16)中的约束条件 $(v_i v_i^{\mathrm{T}}) \cdot X = (v_i^{\mathrm{T}} x)^2$ 替换为 $s_i = t_i^2$。当 $l_i \leqslant t_i \leqslant u_i$ 时，s_i 可以看作定义在区间 $[l_i, u_i]$ 上的关于 t_i 的二次函数。为了对非凸约束 $s_i = t_i^2$ 进行凸松弛，我们定义如下凸包集合：

$$P_i^{[l_i, u_i]} = \text{conv}\{(s_i, t_i) \mid s_i = t_i^2, l_i \leqslant t_i \leqslant u_i\} \tag{4.19}$$

对于给定的区间 $[l_i, u_i]$，凸包集合 $P_i^{[l_i, u_i]}$ 具有如下形式：

$$P_i^{[l_i, u_i]} = \{(s_i, t_i) \mid s_i \geqslant t_i^2, s_i \leqslant (l_i + u_i) t_i - l_i u_i\} \tag{4.20}$$

我们将非凸约束 $s_i = t_i^2$ 松弛成凸约束 $(s_i, t_i) \in P_i^{[l_i, u_i]}$，从而得到如下凸松弛

问题（该问题依赖于区间 $[l,u]$，记为 $\text{CR}^{[l,u]}$ 问题）：

$$\min \frac{1}{2}Q_0 \cdot X + c_0^{\mathrm{T}}x$$

$$\text{s. t.} \ \frac{1}{2}Q_i \cdot X + c_i^{\mathrm{T}}x - b_i \leqslant 0, i = 1,2,\cdots,m$$

$$s_i = (v_j v_j^{\mathrm{T}}) \cdot X, t_i = x^{\mathrm{T}}v_j, j = 1,2,\cdots,r \qquad (\text{CR}^{[l,u]})$$

$$(s_i,t_i) \in P_i^{[l_i,u_i]}, j = 1,2,\cdots,r$$

$$X \geqslant xx^{\mathrm{T}}.$$

在约束 $X \geqslant xx^{\mathrm{T}}$ 下，我们有

$$(v_j v_j^{\mathrm{T}}) \cdot X \geqslant (x^{\mathrm{T}}v_j)^2, \forall v_i \in V \qquad (4.21)$$

进一步，根据（4.18）可知，在约束条件 $X \geqslant xx^{\mathrm{T}}$ 下，不等式 $s_i \geqslant t_i^2$ 自然成立。因此，我们忽略 $(s_i,t_i) \in P_i^{[l_i,u_i]}$ 中的冗余约束 $s_i \geqslant t_i^2$，只保留不等式 $s_i \leqslant (l_i + u_i)t_i - l_i u_i$，可将 $\text{CR}^{[l,u]}$ 简化为如下形式的半正定规划问题形式：

$$\min \frac{1}{2}Q_0 \cdot X + c_0^{\mathrm{T}}x$$

$$\text{s. t.} \ \frac{1}{2}Q_i \cdot X + c_i^{\mathrm{T}}x - b_i \leqslant 0, i = 1,2,\cdots,m$$

$$s_i = (v_j v_j^{\mathrm{T}}) \cdot X, j = 1,2,\cdots,r \qquad (4.22)$$

$$t_i = x^{\mathrm{T}}v_j, j = 1,2,\cdots,r$$

$$s_i \leqslant (l_i + u_i)t_i - l_i u_i, j = 1,2,\cdots,r$$

$$X \geqslant xx^{\mathrm{T}}$$

对于 $\text{CR}^{[l,u]}$ 的最优解 $(\bar{x},\overline{X},\bar{s},\bar{t})$，我们给出如下定理。

定理 4.2　对 $\text{CR}^{[l,u]}$ 的最优解 $(\bar{x},\overline{X},\bar{s},\bar{t})$，若

$$\bar{s}_i = \bar{t}_i^2, \forall i = 1,2,\cdots,r \qquad (4.23)$$

则 $\bar{x}$ 是（QCQP）问题的最优解。

证明：若等式（4.23）成立，则 $(\bar{x},\overline{X})$ 满足问题（4.16）的可行性。而 $\text{CR}^{[l,u]}$ 为（4.16）的松弛问题，因此 $(\bar{x},\overline{X})$ 是（4.16）问题的最优解。根据定理 4.1，由于问题（4.16）和（QCQP）等价，因此 $\bar{x}$ 是（QCQP）的最优解。证毕。

定理 4.2 讨论了 $\text{CR}^{[l,u]}$ 松弛间隙为零的充分条件。另外，若 $\text{CR}^{[l,u]}$ 的松弛间隙不为零，则一定存在 $i \in \{1,2,\cdots,r\}$，使得 $\bar{s}_i > \bar{t}_i^2$。在此情形下，我们进一步设计分支定界算法寻找问题的全局最优解。在分支定界算法中，由于 $\bar{s}_i > \bar{t}_i^2$ 可导致松弛间隙，因此，最自然的分支策略是选择 t_i 作为分支变量，将可行域 $t_i \in [l_i,u_i]$ 划分为两个子区域 $t_i \in [l_i,(l_i+u_i)/2]$ 和 $t_i \in [(l_i+u_i)/2,u_i]$。基于上述思路，我们设计完整的分支定界算法。为此，我们

首先给出如下定义。

定义 4.1 对给定的误差界 $\varepsilon > 0$ 和变量 $x \in \mathbf{R}^n$,若下式成立:

$$\frac{1}{2}x^{\mathrm{T}}Q_i x + c_i^{\mathrm{T}}x - b_i \leqslant \varepsilon, \forall\, i = 1, 2, \cdots, m \tag{4.24}$$

则称 x 为(QCQP)的 ε-可行解。记(QCQP)所有 ε-可行解构成的集合为 D_ε。进一步,若(QCQP)的 ε-可行解 x 满足

$$\frac{1}{2}x^{\mathrm{T}}Q_0 x + c_0^{\mathrm{T}}x < V(\text{QCQP}) + \varepsilon \tag{4.25}$$

则称 x 为(QCQP)的 ε-最优解。此外,我们定义函数 $F_\varepsilon(x)$:

$$F_\varepsilon(x) = \begin{cases} \frac{1}{2}x^{\mathrm{T}}Q_0 x + c_0^{\mathrm{T}}x, & \text{当 } x \in D_\varepsilon \text{ 时} \\ +\infty, & \text{当 } x \notin D_\varepsilon \text{ 时} \end{cases} \tag{4.26}$$

采用上述符号,我们给出基于负特征向量的分支定界算法(记为 NED 算法),其算法伪代码如图 4.1 所示。

在 NED 算法中,我们以 k 表示循环次数。在算法第 2 步中,需要估计初始界 $[l^0, u^0]$。为此,我们求解如下半正定松弛问题,并将其最优解作为 $v_i^{\mathrm{T}}x$ 上下界:

$$\text{ext} \quad v_i^{\mathrm{T}}x$$

$$\text{s. t. } \frac{1}{2}Q_i \cdot X + c_i^{\mathrm{T}}x - b_i \leqslant 0, i = 1, 2, \cdots, m \tag{4.27}$$

$$I \cdot X \leqslant M, X \geqslant xx^{\mathrm{T}}$$

其中,符号 ext 针对下界情形表示 min,针对上界情形表示 max,I 表示 n 阶单位矩阵。当(QCQP)问题可行域非空时,在约束条件 $I \cdot X \leqslant M$ 下,通过求解半正定松弛(4.27)得到的下界 l_i^0 和上界 u_i^0 总是有界值。在 NED 算法中,我们令

$$i^* = \arg \max_{i \in \{1, 2, \cdots, r\}} \{\lambda_i [\bar{s}_i^k - (\bar{t}_i^k)^2]\} \tag{4.28}$$

并以 t_{i^*} 作为分支变量。针对变量 t_{i^*},误差值

$$\lambda_{i^*}[\bar{s}_{i^*}^k - (\bar{t}_{i^*}^k)^2] = \lambda_{i^*}[v_{i^*}^{\mathrm{T}}\bar{X}_k v_{i^*} - (v_{i^*}^{\mathrm{T}}\bar{x}_k)^2] \tag{4.29}$$

达到式(4.28)右侧项的最大值。因此,以该变量作为分支变量,对其可行区间进行划分,可有效降低松弛间隙。实际上,根据定义 $t_i = v_i^{\mathrm{T}}x$,对变量 t_i 的可行范围进行划分,等价于对 $v_i^{\mathrm{T}}x$ 的范围进行划分,这相当于沿着特征向量 v_i 对应的方向对(QCQP)的可行域 $\mathcal{F}$ 进行划分。因此,NED 算法的分支策略可理解为沿着负特征方向对可行域划分的一类策略。

下面对 NED 算法的收敛性进行分析。为了便于描述,首先定义如下符号:记矩阵 $Q_0, Q_1, \cdots, Q_m$ 中的负特征根个数为

$$r_{Q_0}, r_{Q_1}, \cdots, r_{Q_m} \tag{4.30}$$

令

$$\gamma = \max\{r_{Q_0}, r_{Q_1}, \cdots, r_{Q_m}\} \tag{4.31}$$

对于负特征向量集合 $V = \{v_1, v_2, \cdots, v_r\}$，记相应的特征值的绝对值为 λ_1，$\lambda_2, \cdots, \lambda_r$。采用上述符号，我们首先给出如下引理。

输入 (QCQP)问题实例，给定的误差界 $\epsilon > 0$.

1: 对所有 $i = 0, 1, \cdots, m$,计算矩阵 Q_i 的特征值分解，构造集合 $\mathcal{V} = \{v_0, v_1, \cdots, v_r\}$.

2: 对任意 $v_i \in \mathcal{V}$, 计算初始界 $l_i^0 \leqslant \min\{v_i^T x | x \in \mathcal{F}\}$, $u_i^0 \geqslant \max\{v_i^T x | x \in \mathcal{F}\}$.

3: **if** $CR^{[l^0, u^0]}$ 不可行 **then**

　　算法终止，并返回问题不可行信息。

4: **else**

　　求解 $CR^{[l^0, u^0]}$, 得到最优解 $(\bar{x}^0, \bar{X}^0, \bar{s}^0, \bar{t}^0)$ 和最优值 L^0.

5: **end if**

6: 令 $U^* = F_\epsilon(x^0)$, $x^* = \bar{x}^0$, $k = 0$.

7: 构造并初始化活跃节点集合 $\mathcal{P} = \varnothing$.

8: 将节点 $\{[l^0, u^0], \bar{x}^0, \bar{X}^0, \bar{s}^0, \bar{t}^0, L^0\}$ 插入集合 $\mathcal{P}$.

9: **loop**

10: 　更新 $k \leftarrow k + 1$.

11: 　**if** $\mathcal{P} = \varnothing$ **then**

　　　算法终止，并返回问题不可行信息。

12: 　**end if**

13: 　在 $\mathcal{P}$ 中选择节点 $\{[l^k, u^k], \bar{x}^k, \bar{X}^k, s^k, \bar{t}^k, L^k\}$, 其对应的下界值 L^k 是 $\mathcal{P}$ 所有节点下界值最小值.

14: 　**if** $U^* - L^k < \epsilon$ **then**

　　　返回 x^*, 算法终止.

15: 　**end if**

16: 　计算 $i^* = \arg\max\limits_{i \in \{1, \cdots, r\}} \{\lambda_i (\bar{s}_i^k - (\bar{t}_i^k)^2), z_{i^*} = \frac{1}{2}(l_{i^*}^k + u_{i^*}^k)\}$.

17: 　构造矩形区域 $[l^a, u^a]$, 其中 $l^a = l^k$, 对所有 $i \neq i^*$, 令 $u_i^a = u_i^k$, 令 $u_{i^*}^a = z_{i^*}$.

18: 　构造矩形区域 $[l^b, u^b]$, 其中 $u^b = u^k$, 对所有 $i \neq i^*$, 令 $l_i^b = l_i^k$, 令 $l_{i^*}^b = z_{i^*}$.

19: 　**if** $CR^{[l^a, u^a]}$ 可行 **then**

20: 　　求解 $CR^{[l^a, u^a]}$, 得到最优解 $(\bar{x}^a, \bar{X}^a, \bar{s}^a, \bar{t}^a)$ 和最优值 L^a.

21: 　　**if** $L^a \leqslant U^*$ **then**

　　　　将节点 $\{[l^a, u^a], \bar{x}^a, \bar{X}^a, \bar{s}^a, \bar{t}^a, L^a\}$ 插入 $\mathcal{P}$.

22: 　　**end if**

23: 　　**if** $U^* > F_\epsilon(\bar{x}^a)$ **then**

　　　　更新 $U^* = F_\epsilon(\bar{x}^a)$, $x^* = \bar{x}^a$.

24: 　　**end if**

25: 　**end if**

26: 　**if** $CR^{[l^b, u^b]}$ 可行 **then**

27: 　　求解 $CR^{[l^b, u^b]}$, 得到最优解 $(\bar{x}^b, \bar{X}^b, \bar{s}^b, \bar{t}^b)$ 和最优值 L^b.

28: 　　**if** $L^b \leqslant U^*$ **then**

　　　　将节点 $\{[l^b, u^b], \bar{x}^b, \bar{X}^b, \bar{s}^b, \bar{t}^b, L^b\}$ 插入 $\mathcal{P}$.

29: 　　**end if**

30: 　　**if** $U^* > F_\epsilon(\bar{x}^b)$ **then**

　　　　更新 $U^* = F_\epsilon(\bar{x}^b)$, $x^* = \bar{x}^b$.

31: 　　**end if**

32: 　**end if**

33: **end loop**

图 4.1　NED 算法的伪代码

引理 4.3 假设(QCQP)可行域非空有界，NED 算法中在第 k 轮循环中运行至第 13 行选出节点

$$\{[l^k, u^k], \bar{x}^k, \bar{X}^k, \bar{s}^k, \bar{t}^k, L^k\} \tag{4.32}$$

若该节点满足

$$\lambda_{i^*}[\bar{s}_{i^*}^k - (\bar{t}_{i^*}^k)^2] \leqslant \frac{\varepsilon}{\gamma} \tag{4.33}$$

其中，i^* 由(4.28)所定义，则 $\bar{x}^k$ 是(QCQP)的 ε-最优解，且算法将在第 k 轮循环中运行至第 14 行时终止。

证明：简单起见，我们忽略 $(\bar{x}^k, \bar{X}^k, \bar{s}^k, \bar{s}^k)$ 的上标 k，简单记 $CR^{[l^k, u^k]}$ 的最优解为 $(\bar{x}, \bar{X}, \bar{s}, \bar{s})$。若不等式

$$\lambda_i v_i^{\mathrm{T}}(\bar{X} - \overline{xx^{\mathrm{T}}})v_i = \lambda_i(\bar{s}_i - \bar{s}_i^2) \leqslant \frac{\varepsilon}{\gamma}, \forall i = 1, 2, \cdots, r \tag{4.34}$$

成立，则可得到如下不等式：

$$Q_i(\bar{X} - \overline{xx^{\mathrm{T}}}) \geqslant \sum_{v \in V_{Q_i}} -\lambda_v v^{\mathrm{T}}(\bar{X} - \overline{xx^{\mathrm{T}}})v \geqslant -\varepsilon, \forall i = 1, 2, \cdots, m$$

$$\tag{4.35}$$

对于(4.28)所定义的 i^*，容易验证：若不等式(4.33)成立，则(4.34)一定成立，进一步，(4.35)也成立。此时，$\bar{x}$ 为问题的 ε-可行解，且目标值不大于 $L^k + \varepsilon$。根据算法第 13 行的节点选取规则，由于 L^k 是当前所有活跃问题中的下界最小值，因此 $L^k \leqslant V(\text{QCQP})$。由此可知，$\bar{x}$ 是问题的 ε-最优解。此外，根据算法上界 U^* 的更新规则，可进一步推出 $F_{\varepsilon}(x^*) \leqslant F_{\varepsilon}(\bar{x})$。此时，问题可行解 x^* 一定为该问题的 ε-最优解，且算法在第 k 轮循环中，于第 14 行成功返回 x^* 并终止。证毕。

基于上述引理，我们最终给出 NED 算法收敛性的理论证明。

定理 4.3 假设问题(QCQP)可行域非空有界。对于任意给定误差界 $\varepsilon > 0$，算法最多不超过

$$\prod_{i=1}^{r} \left\lceil \left(\frac{\lambda_i \gamma}{\varepsilon}\right)^{\frac{1}{2}} (u_i^0 - l_i^0) \right\rceil \tag{4.36}$$

次循环即可得到 ε-最优解。

证明：在算法第 k 轮循环中，对于松弛问题 $CR^{[l^k, u^k]}$，根据约束条件

$$s_i \leqslant (l_i^k + u_i^k)t_i - l_i^k u_i^k, s_i \geqslant t_i^2, \forall i = 1, 2, \cdots, r \tag{4.37}$$

可得下式成立：

$$0 \leqslant s_i - t_i^2 \leqslant \frac{1}{4}(u_i^k - l_i^k)^2, \forall i = 1, 2, \cdots, r \tag{4.38}$$

对于(4.28)所定义的 i^*，如果 t_{i^*} 对应的区间 $[l_{i^*}^k, u_{i^*}^k]$ 满足

$$u_{i^*}^k - l_{i^*}^k \leqslant \left(\frac{4\varepsilon}{\lambda_{i^*} \gamma} \right)^{\frac{1}{2}} \tag{4.39}$$

则根据引理 4.3,算法在第 k 轮循环终止,并返回 ε-最优解。反之,若算法在第 k 轮循环未终止,则必有

$$u_{i^*}^k - l_{i^*}^k > \left(\frac{4\varepsilon}{\lambda_{i^*} \gamma} \right)^{\frac{1}{2}} \tag{4.40}$$

且在该轮循环中,区间 $[l_{i^*}^k, u_{i^*}^k]$ 将被等分成两个子区间(参考算法第 17、18 行),且每个子区间的长度大于

$$\left(\frac{\varepsilon}{\lambda_{i^*} \gamma} \right)^{\frac{1}{2}} \tag{4.41}$$

因此,若算法在第 k 轮循环未终止,原始区域 $[l^0, u^0]$ 将被分割成 $k+1$ 个矩形子区域。对于其中任一给定子区域 $[l^g, u^g]$,有

$$u_i^g - l_i^g \geqslant \min \left\{ \left(\frac{\varepsilon}{\lambda_{i^*} \gamma} \right)^{\frac{1}{2}}, u_i^0 - l_i^0 \right\}, \forall i = 1, 2, \cdots, r \tag{4.42}$$

另外,若初始上下界满足

$$u_i^0 - l_i^0 \leqslant \left(\frac{4\varepsilon}{\lambda_{i^*} \gamma} \right)^{\frac{1}{2}} \tag{4.43}$$

则在算法终止前,t_i 将永远不会被选为分支变量。因此,每个矩形子区间的体积均不小于

$$\prod_{i=1}^r \min \left\{ \left(\frac{\varepsilon}{\lambda_{i^*} \gamma} \right)^{\frac{1}{2}}, u_i^0 - l_i^0 \right\} \tag{4.44}$$

假设算法在第 k 轮循环未终止,且

$$k > \prod_{i=1}^r \left\lceil \left(\frac{\lambda_i \gamma}{\varepsilon} \right)^{\frac{1}{2}} (u_i^0 - l_i^0) \right\rceil \tag{4.45}$$

则 $k+1$ 个矩形子区域的体积之和将超过 $[l^0, u^0]$ 的体积,导致矛盾。证毕。

至此,我们最终证明了 NED 算法的收敛性。

4.3　积极约束策略

从理论上讲,当(QCQP)可行域有界,且问题存在严格内点可行解时,NED 算法可以确保得到问题的 ε-最优解。但是,在实际计算中,NED 算法的计算效率存在严重缺陷:对于含有 m 个非凸二次约束的(QCQP)问题,集合 V 中的向量个数 r 可以达到 $O(mn)$ 的数量级。当 r 非常大时,NED 算

法效率将受到严重影响。一方面,在 NED 算法初始化过程中,需要计算初始上下界 l^0 和 u^0,这需要求解 $2r$ 个形如(4.27)的半正定规划问题。另一方面,在计算下界时,我们需要对每一个分支节点求解松弛问题 $CR^{[l^k,u^k]}$,而该问题中包含 r 项线性约束

$$s_i \leqslant (l_i + u_i)t_i - l_i u_i, i = 1,2,\cdots,r \qquad (4.46)$$

这将显著增加松弛问题的求解复杂度,导致下界计算效率非常低。由此可见,除了 r 非常小的问题情形外,NED 算法通常达不到理想的计算效率。

为了设计实用算法,我们进一步引入积极约束策略。实际上,在构造问题(4.16)时,共引入 r 项约束

$$(v_j v_j^\mathrm{T}) \cdot X = (x^\mathrm{T} v_j)^2, i = 1,2,\cdots,r \qquad (4.47)$$

然而,上述约束对松弛间隙的影响效果具有显著的差异。直观上看,当问题结构不具有对称性时,负特征向量集合 V 中往往只有部分向量对问题的松弛间隙影响较大,而另一部分向量的影响可以忽略。在分支定界过程中,若能自动判断集合 V 中影响较大的向量,并在分支过程中选取重要特征向量作为分支方向,则有望避免不必要的计算。然而,在 NED 算法中,我们并没有区分不同特征向量的重要性,因此增加了很多不必要的计算量。

为了进一步提高 NED 算法计算效率,我们提出改进的算法实现策略,即积极约束策略。在积极约束策略中,我们对分支定界过程产生的每个节点 a 引入积极约束指标集合 $A_a \subseteq \{1,2,\cdots,r\}$。集合 A_a 按照如下递归方式生成:首先,对于根节点(记为 root 节点),令其对应的积极约束集合 A_{root} 为空集。进一步,对于已经定义积极约束集合的节点 a,我们求解如下松弛问题(记为CR-ACT$^{[l,u]}$问题):

$$\min \frac{1}{2}Q_0 \cdot X + c_0^\mathrm{T} x$$

$$\text{s. t. } \frac{1}{2}Q_i \cdot X + c_i^\mathrm{T} x - b_i \leqslant 0, \quad i = 1,2,\cdots,m$$

$$s_i = (v_i v_i^\mathrm{T}) \cdot X, i \in A_a$$

$$t_i = x^\mathrm{T} v_i, i \in A_a$$

$$s_i \leqslant (l_i + u_i)t_i - l_i u_i, i \in A_a$$

$$X \geqslant xx^\mathrm{T}$$

$$(\text{CR-ACT}^{[l,u]})$$

上述CR-ACT$^{[l,u]}$松弛问题形式类似于CR$^{[l^k,u^k]}$,但在松弛过程中仅考虑积极约束集合 A_a 对应的约束。当求解CR-ACT$^{[l^k,u^k]}$问题得到最优解 (x,X) 后,我们对集合 V 中的每一个向量 v_i 计算 $s_i = (v_i v_i^\mathrm{T}) \cdot X$ 和 $t_i = v_i^\mathrm{T} x$(与分支定界算法其他环节相比,计算 $s_i = (v_i v_i^\mathrm{T}) \cdot X$ 和 $t_i = v_i^\mathrm{T} x$ 的复杂度基本可

以忽略）。在此基础上，记

$$i^* = \arg \max_{i \in \{1,2,\cdots,r\}} \{\lambda_i [s_i^k - (t_i^k)^2]\} \qquad (4.48)$$

当算法对节点 a 进行分支产生新的子节点后，相应的子节点的积极约束集合定义为 $A_a \cup \{i^*\}$。按照上述递归策略，我们可对分支定界过程产生的所有节点定义相应的积极约束集合。

通过采用积极约束策略构造半正定松弛问题 CR-ACT$^{[l^k,u^k]}$，将不必引入 r 个线性约束，而只需引入 $|A_a|$ 数量级的线性约束。本章后续实验结果将进一步显示，对于一些典型的二次规划问题，$|A_a|$ 通常远小于 r。此外，在算法初始化阶段，我们不必对所有 $i = 1,2,\cdots,r$ 计算函数 $v_i^T x$ 的初始上下界。实际上，对于某个给定的负特征向量 v_i，若指标 $i \notin A_a$，则在构造 CR-ACT$^{[l^k,u^k]}$ 时，我们不需要得到 $v_i^T x$ 的初始上下界。因此，只需当指标 i 在分支定界过程中首次被选为积极约束时，我们才需要计算相应的初始上下界 l_i^0 和 u_i^0。由此可见，采用积极约束策略，可进一步减少不必要的初始化计算量。简单起见，我们称采用积极约束策略的 NED 算法为积极约束负特征方向分支定界算法，简记为 ACS 算法。在算法收敛性方面，容易验证，引理 4.3 的相关结论对 ACS 算法同样适用，因此，采用与定理 4.3 类似的证明思路，我们可以证明 ACS 算法的收敛性，此处不再重复论述。

4.4　分支策略的选择

本章的 NED 算法和 ACS 算法最大的特点在于分支过程总是沿着负特征向量对应的方向对可行域进行划分。相比之下，经典的分支策略通常是沿着变量坐标轴的方向进行可行域划分。例如，第 3 章所述的分支定界算法，对于问题（QCQP），通常选择 $x_1, x_2, \cdots, x_n$ 作为分支变量，对包含可行域的空间矩形区域进行划分。实际上，不同的分支策略对算法收敛效率也有一定影响。我们将在本节深入讨论分支方向的选择问题。

对于负特征向量集合 V，记其张成的线性子空间为 $\mathcal{L}(V)$。显然，空间 $\mathcal{L}(V)$ 中最大的线性独立向量组所包含的向量个数 r' 一定不超过 $\min\{r, n\}$。我们构造单位正交变量组

$$U = \{u_1, u_2, \cdots, u_{r'}\} \qquad (4.49)$$

使得 U 张成的子空间 $\mathcal{L}(U)$ 满足 $\mathcal{L}(U) \supseteq \mathcal{L}(V)$。在此基础上，我们构造如下约束优化问题：

$$\min \frac{1}{2} Q_0 \cdot X + c_0^T x$$

$$\text{s. t. } \frac{1}{2}Q_i \cdot X + c_i^{\mathrm{T}}x - b_i \leqslant 0, i = 1, 2, \cdots, m$$

$$(vv^{\mathrm{T}}) \cdot X = (x^{\mathrm{T}}v)^2, \forall v \in U$$

$$X \geqslant xx^{\mathrm{T}} \qquad (4.50)$$

关于问题(4.50),我们给出如下定理。

定理 4.4 对于给定的向量组 U,若 $\mathcal{L}(U) \supseteq \mathcal{L}(V)$ 成立,则问题(4.50)与(QCQP)等价。

证明:记 (x, X) 为问题(4.50)的可行解,根据约束条件

$$(vv^{\mathrm{T}}) \cdot X = (x^{\mathrm{T}}v)^2, \forall v \in U \qquad (4.51)$$

以及约束条件 $X - xx^{\mathrm{T}} \geqslant 0$,可得

$$(X - xx^{\mathrm{T}})v = 0, \forall v \in U \qquad (4.52)$$

根据 U 的构造规则,由于 $\mathcal{L}(U) \supseteq \mathcal{L}(V)$,因此,可以证明下式成立:

$$(X - xx^{\mathrm{T}})v = 0, \forall v \in V \qquad (4.53)$$

进一步,可以得到:

$$v^{\mathrm{T}}(X - xx^{\mathrm{T}})v = 0, \forall v \in V \qquad (4.54)$$

因此,(x, X) 也是重构问题(4.16)的可行解(即松弛(4.50)比(4.16)更紧)。由于问题(4.16)与(QCQP)等价,因此问题(4.50)与(QCQP)也等价。证毕。

我们称定理 4.4 的条件为子空间条件。由定理 4.4 可知,只要 U 所张成的子空间包含 V 中的所有向量,则(4.50)与(QCQP)等价。注意到为了使得定理 4.4 的条件成立,我们只需要引入不超过 $\min\{r, n\}$ 个向量构造集合 U。因此,当 r 远大于 n 时,(4.50)中加入的有效不等式的个数通常远小于(4.16)中的有效不等式个数。

当构造出满足子空间条件的向量集合 U 并得到等价问题(4.50)后,我们可进一步设计半正定松弛问题。对于任意向量 $u_i \in U$,引入变量 (s_i, t_i),其中

$$s_i = u_i^{\mathrm{T}} X u_i, t_i = u_i^{\mathrm{T}} x, i = 1, 2, \cdots, r' \qquad (4.55)$$

进一步,对任意 $t_i = v_i^{\mathrm{T}} x$,我们计算其初始区间 $[l_i, u_i]$,并构造如下形式的半正定松弛问题(该松弛问题记为 $\text{SPS}^{[l, u]}$):

$$\min \frac{1}{2}Q_0 \cdot X + c_0^{\mathrm{T}} x$$

$$\text{s. t. } \frac{1}{2}Q_i \cdot X + c_i^{\mathrm{T}} x - b_i \leqslant 0, i = 1, 2, \cdots, m$$

$$s_i = (u_j u_j^{\mathrm{T}}) \cdot X, j = 1, 2, \cdots, r'$$

$$t_i = u_j^{\mathrm{T}} x, j = 1, 2, \cdots, r' \qquad (\text{SPS}^{[l, u]})$$

$$s_i \leqslant (l_i + u_i) t_i - l_i u_i, j = 1, 2, \cdots, r'$$

$$X \geqslant xx^{\mathrm{T}}$$

得到松弛问题 $SPS^{[l,u]}$ 后,我们可进一步实现完整的分支定界算法。具体实现过程和 NED 算法大体类似,不同之处在于,我们选择 $SPS^{[l,u]}$ 作为松弛问题计算下界。当得到松弛问题 $SPS^{[l,u]}$ 的最优解 $(\bar{x}, \bar{X}, \bar{s}, \bar{s})$ 后,令

$$i^* = \arg \max_{i \in \{1,2,\cdots,r'\}} \{\bar{s}_i - (\bar{s}_i)^2\}$$

作为分支变量对应的指标,对可行域进行划分。我们将上述分支定界算法成为子空间分支定界算法,简记为 SPS 算法。实际上,传统分支策略是子空间分支策略的一个特例,当 U 取 $\mathbf{R}^n$ 空间中的标准正交向量组 $\{e_1, e_2, \cdots, e_n\}$ 时,SPS 算法将沿着标准坐标轴方向对可行域进行切分,此时采用的就是传统的分支策略。由于 SPS 算法和 NED 算法的步骤几乎一致,因此我们不再给出 SPS 算法的伪代码。

进一步,我们分析 SPS 算法的收敛性。简便起见,定义

$$\lambda_s = \max\left\{ \sum_{v \in V_{Q_0}} \lambda_v, \sum_{v \in V_{Q_1}} \lambda_v, \cdots, \sum_{v \in V_{Q_m}} \lambda_v \right\} \tag{4.56}$$

我们给出如下引理。

引理 4.4 记 $U = \{u_1, u_2, \cdots, u_{r'}\}$ 为 $\mathbf{R}^n$ 中的单位正交向量组。给定 $n \times n$ 实对称半正定矩阵 Y,若对任意 $i = 1, 2, \cdots, r'$,不等式 $u_i^\mathrm{T} Y u_i < \varepsilon$ 成立,则对子空间 $\mathcal{L}(U)$ 中的任意单位向量 $v \in \mathcal{L}(U)$,不等式 $v^\mathrm{T} Y v < r' \varepsilon$ 成立。

证明: 对 $\mathcal{L}(U)$ 中的任意单位向量 v,存在 $\mu_1, \mu_2, \cdots, \mu_{r'} \in \mathbf{R}$,使得

$$v = \sum_{i=1} \mu_i u_i, \sum_{i=1} \mu_i^2 = 1 \tag{4.57}$$

记

$$U = [u_1, u_2, \cdots, u_{r'}], \mu = [\mu_1, \mu_2, \cdots, \mu_{r'}]^\mathrm{T} \tag{4.58}$$

则 v 可表示为 $v = U\mu$。容易证明:

$$v^\mathrm{T} Y v = \mu^\mathrm{T} U^\mathrm{T} Y U \mu \leqslant \lambda_{\max}(U^\mathrm{T} Y U) \tag{4.59}$$

其中 $\lambda_{\max}(\cdot)$ 表示矩阵 $(\cdot)$ 的最大特征根。对于半正定矩阵 $U^\mathrm{T} Y U$,有:

$$\lambda_{\max}(U^\mathrm{T} Y U) \leqslant \mathrm{trace}(U^\mathrm{T} Y U) = \sum_{i=1}^{r'} v_i^\mathrm{T} Y v_i < r' \varepsilon \tag{4.60}$$

基于上述不等式,可最终得到 $v^\mathrm{T} Y v < r' \varepsilon$,证毕。

基于引理 4.4 可进一步得到如下引理。

引理 4.5 假设(QCQP)问题严格可行,向量集合 $U = \{u_1, u_2, \cdots, u_{r'}\}$ 构成单位正交向量组,且满足子空间条件。对于 SPS 算法在节点 k 处的松弛问题 $SPS^{[l_k, u_k]}$,记该松弛问题的最优解为 $(\bar{X}^k, \bar{x}^k, \bar{s}^k, \bar{s}^k)$,最优值为 L^k,令

$$i^* = \arg \max_{i \in \{1,2,\cdots,r'\}} \{s_i^k - (s_i^k)^2\} \tag{4.61}$$

对于给定的误差界 $\varepsilon > 0$，若不等式

$$\bar{s}_i^{k*} - (\bar{s}_i^{k*})^2 \leqslant \frac{\varepsilon}{r'\lambda_s} \tag{4.62}$$

成立，则 $\bar{x}^k$ 是（QCQP）问题的 ε-最优解。

证明：简单起见，我们暂时忽略 $(\bar{x}^k, \bar{X}^k, \bar{s}^{k-}, \bar{s}^{k+})$ 的角标，将其简记为 $(\bar{x}, \bar{X}, \bar{s}, \bar{s})$。若不等式（4.62）成立，则根据 i^* 的定义，对任意 $v_i \in U, i = 1, 2, \cdots, r'$，有

$$v_i^{\mathrm{T}}(\bar{X} - \overline{x}\overline{x}^{\mathrm{T}})v_i = \bar{s}_i - \bar{s}_i^2 \leqslant \frac{\varepsilon}{r'\lambda_s} \tag{4.63}$$

根据引理 4.4 可知，对任意 $v \in V_{Q_i}, i = 0, 1, \cdots, m$，有

$$v^{\mathrm{T}}(\bar{X} - \overline{x}\overline{x}^{\mathrm{T}})v \leqslant \frac{\varepsilon}{\lambda_s} \tag{4.64}$$

因此，对任意 $i = 0, \cdots, m$，有

$$Q_i(\bar{X} - \overline{x}\overline{x}^{\mathrm{T}}) \geqslant \sum_{v \in V_{Q_i}} -\lambda_v v^{\mathrm{T}}(\bar{X} - \overline{x}\overline{x}^{\mathrm{T}})v \geqslant -\varepsilon \tag{4.65}$$

即 $\bar{x}$ 是（QCQP）问题的 ε-可行解，其目标值不大于 $L_k + \varepsilon$。由于 $L_k \leqslant V(\text{QCQP})$，因此 $\bar{x}$ 对应的目标值不大于 $V(\text{QCQP}) + \varepsilon$，即 $\bar{x}$ 是问题的 ε-最优解。证毕。

最终，我们给出如下的分支定界算法收敛性定理。

定理 4.5 假设（QCQP）可行，向量集合 $U = \{u_1, u_2, \cdots, u_{r'}\}$ 由一组单位正交向量构成，且满足子空间条件，初始界 l^0 与 u^0 均有界。对于给定的误差界 $\varepsilon > 0$，SPS 算法将在最多不超过

$$\prod_{i=1}^{r'} \left[\left(\frac{r'\lambda_s}{\varepsilon} \right)^{\frac{1}{2}} (u_i^0 - l_i^0) \right] \tag{4.66}$$

轮枚举后返回问题的 ε-最优解。

定理 4.5 与定理 4.3 的证明思路一致，此处不再赘述。

4.5 数值实验

本节将开展数值实验，对 NED 算法、ACS 算法和 SPS 算法的计算效率进行测试。由于本章所提出的算法主要适用于参数稠密的二次约束二次规划问题，因此，我们主要采用该类形的测试算例。为了对比基于半正定松弛的分支定界算法和基于线性松弛的分支定界算法的效率，我们将对比 ACS 算法和 BARON。在实验中，NED 算法、ACS 算法和 SPS 算法均基于 MATLAB 平台实现，并采用 SeDuMi 软件求解所有的半正定松弛问题。

4.6　基于半正定松弛的分支定界算法效率研究

首先对 NED、ACS 和 SPS 三类基于半正定松弛的分支定界算法的计算效率进行实验研究。其中,在 SPS 算法实现过程中,我们取 U 为 $\mathbf{R}^n$ 空间中的标准正交基 $U=\{e_1,e_2,\cdots,e_n\}$。我们按照如下过程生成测试算例:对于给定的 m 和 n,对任意 $i=0,1,\cdots,m$,随机生成 $n\times n$ 实对称矩阵 Q_i^a,其各项服从区间上 $[-1,1]$ 的均匀分布。进一步,对矩阵 Q_i^a 进行谱分解,得到 $Q_i^a=P_i^\mathsf{T}D_iP_i$。同时,随机生成 $n\times n$ 对角矩阵 $\widetilde{D}_i$,其中,当 $i=0,1,\cdots,m-1$ 时,矩阵 $\widetilde{D}_i$ 对角项服从区间 $[-50,50]$ 上的均匀分布,当 $i=m$ 时,矩阵 $\widetilde{D}_m$ 对角项服从区间 $[1,50]$ 上的均匀分布。在此基础上,重新构造 $n\times n$ 实对称矩阵 $Q_i=P_i^\mathsf{T}\widetilde{D}_iP_i,i=0,1,\cdots,m$。进一步,我们按照均匀分布对一次项和常数项系数采样,其中 $c_0\in[-10,10]^n,c_i\in[-50,0]^n,b_i\in[1,50]$。容易验证,按照上述过程产生的(QCQP)算例均存在内点可行解(可证明 $x=0$ 为问题内点可行解),且由于 Q_m 是严格正定矩阵,因此可行域一定有界。

此外,在算例生成过程中,我们可以改变 $\widetilde{D}_i$ 的生成方式,控制负特征根的个数,即对于任意给定的正整数 $r>0$,我们令问题的负特征根总数等于 r,由此产生不同难度的测试算例。

基于上述过程,我们生成一系列具有不同 (n,m,r) 组合的测试算例,对于每组参数组合,生成 10 个测试算例,并分别采用 NED 算法、ACS 算法和 SPS 算法求解。误差界设置为 $\varepsilon=5\times10^{-4}$。针对三类算法,我们分别统计算法枚举次数、分支定界过程计算时间(不包括算法初始化过程所占用的时间)以及总计算时间。针对每组 (n,m,r) 组合,我们将算法性能指标(在 10 个测试算例上)进行平均,所得到的计算性能平均指标如表 4.1 所示。

表 4.1　NED、ACS、SPS 算法计算效率比较

配置	枚举次数			分支定界时间			总计算时间		
(n,m,r)	NED	ACS	SPS	NED	ACS	SPS	NED	ACS	SPS
$(20,20,10)$	9.5	9.5	26.5	2.1	1.9	7.2	4.0	2.1	11.0
$(20,20,30)$	14.4	14.4	177.8	4.4	3.1	53.7	10.0	3.3	57.5

配置	枚举次数			分支定界时间			总计算时间		
(n, m, r)	NED	ACS	SPS	NED	ACS	SPS	NED	ACS	SPS
$(20,20,60)$	17.8	17.8	82.6	7.3	4.0	23.8	18.6	4.2	27.6
$(20,20,90)$	38.4	38.2	847.1	23.1	9.6	335.4	39.8	9.9	339.2
$(30,30,10)$	10.4	10.3	36.8	3.8	3.5	13.1	7.1	3.9	23.0
$(30,30,20)$	10.0	10.0	243.7	4.1	3.5	103.5	11.0	3.9	113.7
$(30,30,30)$	10.3	10.2	204.9	4.1	3.3	75.1	14.3	3.6	85.1
$(30,30,60)$	17.0	17.2	589.9	10.7	6.3	303.5	31.7	6.8	314.0
$(30,30,90)$	19.7	20.0	470.7	18.3	7.5	205.9	47.6	8.0	215.7
$(40,40,30)$	10.1	10.1	45.5	7.9	6.3	29.0	26.0	6.9	53.1
$(40,40,40)$	10.6	10.5	89.5	9.2	6.6	58.4	33.1	7.3	82.5
$(40,40,60)$	15.7	15.6	133.3	17.4	9.6	89.6	53.5	10.4	113.4
$(50,50,50)$	9.3	9.3	85.9	14.6	9.1	91.4	64.3	10.0	143.5

下面对实验结果进行分析。首先对比 NED 算法与 ACS 算法。从表 4.1 中可以看到,NED 算法与 ACS 算法的平均迭代次数几乎一样。由此可见,ACS 算法在运行过程中,半正定松弛问题 CR-ACT 只引入少量的线性约束(即积极约束),虽然可能导致 CR-ACT 松弛的紧度不如 NED 算法中的 CR 松弛,但这并未对分支定界过程的枚举次数造成明显影响,相比之下,CR-ACT 的求解复杂度却远远低于 CR 松弛的求解复杂度,由此使得 ACS 算法在分支定界过程的计算时间缩短,尤其对 r 比较大的情形,两类算法计算效率的差异更加显著。另外,在 ACS 算法中,我们不再对 V 中所有的向量 v_i 计算 $v_i^{\mathsf{T}}x$ 的初始上下界,因此算法初始化阶段也节省了大量的计算时间。综合上述两方面的影响,最终导致 ACS 算法的总计算时间远远少于 NED 算法的总计算时间。

接下来讨论分支策略对算法效率的影响。在对比实验中,NED 算法和 ACS 算法均沿着负特征向量对应的方向对可行域进行切分,而 SPS 算法采用传统的分支策略,即沿着坐标轴的方向对可行域进行切分。实验结果表明,无论是 NED 算法,还是 ACS 算法,在枚举次数与总计算时间两方面均明显优于 SPS 算法。由此可见,针对实验过程产生的(QCQP)问题类型,采用负特征方向作为分支方向将达到更高的算法效率。

4.6.1　ACS 算法和 SPS 算法的进一步对比

上一节对比了 NED、ACS、SPS 三类算法,然而,实验过程所采用的测试算例中的负特征向量的个数 r 均比较小。实际上,对于 r 比较大的问题情形,NED 算法效率将显著低于 ACS 算法,故后续实验中我们将不再采用 NED 算法对问题进行求解。在本节,我们将生成 r 比较大的测试算例,专门比较 ACS 算法和 SPS 算法的计算效率。本节采用如下步骤生成测试算例:对所有 $i=0,1,\cdots,m-1$,令矩阵 Q_i 以及向量 c_i 的各项服从在区间 $[-100,100]$ 上的均匀分布,右端项系数 b_i 服从区间 $[1,100]$ 上的均匀分布。最后加入约束 $x^{\mathrm{T}}x\leqslant1$ 作为第 m 个约束。容易验证,按照上述步骤产生的算例可行域有界,且存在内点可行解。此外,按照上述过程产生的算例所包含的负特征向量的个数 r 通常很大,容易验证,所生成的算例的负特征向量个数 r 的期望值等于 $mn/2$,远远大于问题维数 n。基于上述步骤,我们生成一系列具有不同 (n,m) 组合的算例,每组 (n,m) 组合下共产生 5 个测试算例,并分别采用 ACS 算法和 SPS 算法进行求解。除算法枚举过程中的枚举次数和总计算时间外,我们同时列出 ACS 算法在枚举过程中产生的积极约束的个数。相关结果如表 4.2 所示。

表 4.2　ACS 算法与 SPS 算法的进一步比较

配　　置		枚举次数		总计算时间		积极约束个数
(n,m)	编号	ACS	SPS	ACS	SPS	
(15,10)	1	10	11	1.9	3.2	1
(15,10)	2	21	55	4.0	11.0	2
(15,10)	3	10	59	1.7	10.7	2
(15,10)	4	10	21	1.7	4.5	1
(15,10)	5	11	89	1.7	13.8	1
(15,20)	6	78	1315	16.9	268.8	4
(15,20)	7	11	533	1.9	126.3	1
(15,20)	8	63	609	13.1	136.8	3
(15,20)	9	10	12	1.8	3.6	1
(15,20)	10	130	906	30.6	258.2	4
(20,10)	11	9	10	1.6	4.0	1

续表

配　置		枚举次数		总计算时间		积极约束个数
(n,m)	编号	ACS	SPS	ACS	SPS	
(20,10)	12	11	88	2.1	20.2	1
(20,10)	13	11	8	2.0	3.5	1
(20,10)	14	8	9	1.4	3.8	1
(20,10)	15	7	10	1.3	4.1	1
(20,20)	16	22	46	5.1	13.3	2
(20,20)	17	10	104	2.1	28.7	1
(20,20)	18	39	9185	9.2	2692.0	2
(20,20)	19	9	116	1.9	32.0	1
(20,20)	20	127	2320	29.6	684.3	5

观察表 4.2 相关实验结果发现,ACS 算法在枚举次数和总计算时间两方面的指标均远远优于 SPS 算法。在分支定界过程中,虽然问题存在大量的负特征向量,但 ACS 算法仍然可以有效选择部分重要的负特征向量作为分支方向。对于非凸二次规划问题,负特征向量与问题的非凸性直接相关,因此沿着这些方向进行可行域划分,可有效地降低凸松弛产生的间隙。

相比之下,SPS 算法采用传统分支策略,沿着标准正交基方向进行可行域划分未能达到理想的计算效率。此外,根据表格中的"积极约束个数"一列的相关结果,我们发现 ACS 算法所挖掘出的积极约束的个数远远小于 r,通常为 1~5 个。由此可知,对于非凸(QCQP)问题,不同的负特征方向对问题的松弛间隙的影响具有显著差异。我们只需要挖掘其中少量影响最大的负特征方向,即可最终得到问题的最优解。

4.6.2　齐次二次规划测试算例

进一步,我们采用齐次二次规划问题作为测试算例进行数值实验。在工程领域,特别是信号处理领域,齐次二次规划问题是最具代表性的问题类型之一,具有非常广泛的应用。问题具体形式如下:

$$\min\ x^{\mathrm{T}}Q_0 x$$
$$\text{s. t.}\ \ x^{\mathrm{T}}Q_i x \leqslant 1, i=1,2,\cdots,m$$
$$x^{\mathrm{T}}B_i x \leqslant 1, i=1,2,\cdots,m_p$$

其中,对 $i=0,1,\cdots,m$,矩阵 Q_i 为 $n\times n$ 的不定实对称矩阵,对 $i=1,2,\cdots,$ m_p,矩阵 B_i 为 $n\times n$ 的半正定对称矩阵。其中 m 与 m_p 分别对应不定齐次约束与半正定齐次约束的个数。我们假定问题可行域有界。

与非齐次问题情形不同,齐次问题具有对称性:若 $\bar{x}$ 是齐次问题的可行解/最优解,则 $-\bar{x}$ 也是问题的可行解/最优解。问题结构的对称性将增加不必要的枚举复杂度。因此,为了打破问题的对称性,我们对问题加入形如 $v^{\mathrm{T}}x\geq0$ 的约束,其中 $v\in\mathbf{R}^n$。具体来说,在 ACS 算法中,我们令 v 取算法在执行过程中所确定的第一个积极约束对应的负特征方向,而在 SPS 算法中,我们取 $v=e_i$,其中 i 表示算法执行过程中所选定的第一个分支方向。在算法枚举过程中,通过引入形如 $v^{\mathrm{T}}x\geq0$ 的约束,可有效避免由于对称性而造成的不必要的重复枚举。

为了对 ACS 算法和 SPS 算法效率进行实验评估,我们按照如下方式生成测试算例:对 $i=0,1,\cdots,m$,矩阵 Q_i 的各项参数服从 $[-1,1]$ 上的均匀分布。进一步,关于 $B_i,i=1,2,\cdots,m_p$,我们首先生成矩阵 B_i,其各项同样服从区间 $[-1,1]$ 上的均匀分布,进一步,计算 B_i 的谱分解 $B_i=V_iD_iV_i^{\mathrm{T}}$,并重新生成对角阵 $\overline{D}_i$,其对角项各项取值为 D_i 相应对角项的绝对值。最后构造半正定矩阵 $B_i=V_i\overline{D}_iV_i^{\mathrm{T}}$。基于上述步骤,我们生成一系列具有不同 (n,m,m_p) 参数组合的问题算例。对每一组不同的 (n,m,m_p) 组合,随机生成 10 个算例,并分别采用 ACS 算法和 SPS 算法进行求解,相关实验结果的平均指标如表 4.3 所列。

表 4.3　ACS 算法和 SPS 算法求解齐次二次规划问题

配　置 (n,m,m_p)	枚举次数		总计算时间		积极约束个数
	ACS	SPS	ACS	SPS	
$(20,40,5)$	20.6	56.5	5.9	17.8	1.4
$(20,60,5)$	28.2	517.7	9.6	199.9	1.6
$(20,80,5)$	116.8	886.5	46.8	327.9	2.2
$(30,40,5)$	16.1	35.2	6.3	18.6	1.2
$(30,60,5)$	41.9	478.0	19.8	227.6	1.5
$(30,80,5)$	88.1	476.7	43.7	254.2	2.1
$(40,40,5)$	16.5	85.7	9.7	63.3	1.3
$(40,60,5)$	22.7	172.5	16.7	146.6	1.5
$(40,80,5)$	32.4	97.0	29.5	104.2	1.9

根据表 4.3 所列出的实验结果,可以得到如下结论:对于齐次情形,

ACS 算法可以达到非常高的计算效率。由此可见,以负特征向量作为分支方向,可有效降低凸松弛间隙。此外,ACS 算法所挖掘出来的积极约束个数的平均值非常低,由此可见,对于齐次二次规划,只有少量的负特征向量对松弛间隙造成了严重影响,而大部分负特征向量对松弛间隙的影响可忽略不计。对比之下,SPS 采用传统的分支策略,在平均计算时间、平均枚举次数两方面的指标均不如 ACS 算法。对于非凸二次约束二次规划问题情形,沿着坐标轴进行可行域划分,无法充分利用分支策略快速提高下界质量,由此导致 SPS 算法计算效率远远低于 ACS 算法。

4.6.3　半正定松弛和线性松弛方法性能对比

在前面的实验中,我们主要对比了 NED、ACS、SPS 三类基于半正定松弛方法的分支定界算法。本节进一步通过数值实验对比半正定松弛方法和线性松弛方法对分支定界算法效率的影响。为此,我们对比 ACS 算法、SPS 算法和 BARON 软件。其中,BARON 软件采用基于线性松弛的分支定界算法,其分支过程选择坐标轴方向作为分支方向。我们继续采用 4.5.2 节所描述的算例生成过程重新生成 10 个小型测试算例,其参数配置为 $(n, m) = (10, 10)$,并分别采用 ACS 算法、SPS 算法和 BARON 软件对其进行求解。相关结果如表 4.4 所示。

表 4.4　ACS 算法、SPS 算法与 BARON 软件比较

配置		枚举次数		总计算时间		
(n, m)	编号	ACS	SPS	ACS	SPS	BARON
(10,10)	1	34	237	5.8	33.6	241.9
(10,10)	2	11	47	1.7	7.3	16.0
(10,10)	3	11	210	1.6	33.5	15.5
(10,10)	4	10	49	1.5	7.9	23.7
(10,10)	5	26	46	5.0	7.8	19.8
(10,15)	6	13	59	1.9	8.8	113.6
(10,15)	7	250	1316	45.9	251.1	125.1
(10,15)	8	11	31	1.7	5.6	17.1
(10,15)	9	11	8	1.8	1.9	3.1
(10,15)	10	7	12	1.1	2.6	5.4

观察表 4.4 的实验结果,可以得到如下结论:对于 $(n, m) = (10, 10)$ 的小型测试样例,ACS 算法的效率远远高于 BARON,且具有更高的稳定性。在所有测试算例中,BARON 的计算时间最长达到了 241.9 秒,而 ACS 算法最长计算时间只有 45.9 秒。造成上述差异的原因主要在于两方面:首先,对于测试样例问题情形,半正定松弛可在下界质量和计算效率两方面达到更好的均衡性,对于稠密问题情形,线性松弛在下界紧度方面通常远远低于半正定松弛;其次,BARON 软件采用传统的分支策略,沿着坐标轴方向进行分支,无法通过可行域划分而快速降低松弛间隙。因此,ACS 算法达到了比 BARON 更高的计算效率。

由于 ACS 算法和 BARON 采用了不同的分支策略,因此上述结果无法单纯比较半正定松弛和线性松弛对分支定界算法效率的影响。为此,我们进一步对比 SPS 算法和 BARON。观察表 4.4 结果,容易发现,ACS 算法在大部分算例上的计算效率都高于 BARON。由此可见,在相同的分支策略下,半正定松弛的确可在下界紧度和计算效率两方面达到更好的均衡效果。

实际上,除了表 4.4 所列出的相关结果外,我们也采用了更多的测试算例对 BARON 进行评测(包括本节实验过程生成的全部测试算例),然而,除了 $n = 10$ 的小规模问题外,BARON 无法在 1 小时的计算时间内求解所有 $n \geqslant 15$ 的测试算例。由此可见,对于含有稠密参数的二次约束二次规划问题,基于线性松弛的分支定界算法的计算效率非常低。相比之下,采用半正定松弛作为下界方法,通常可以达到更高的求解效率。

4.7　本 章 小 结

本章针对(QCQP)提出了基于半正定松弛技术的分支定界算法。由于(QCQP)非凸性主要源于二次项矩阵的负特征根及其特征向量,因此,针对半正定松弛方法,我们分析了松弛间隙与二次项矩阵的负特征向量之间的联系,由此提出了以负特征向量作为分支方向的 NED 算法。

当(QCQP)具有非凸性时,问题可行域中往往存在大量的局部最优解。为了消除对非凸函数进行凸松弛而产生的间隙,以负特征向量作为分支方向是一类非常有效的分支策略。但是,当问题的负特征向量的个数非常多时,NED 算法的效率将受到严重影响。实际上,对于非凸(QCQP),不同的负特征向量对松弛间隙的影响是不同的,部分向量影响较大,而另一部分向量的影响基本上可以忽略。基于上述思想,我们在 NED 算法基础上提出了积极约束策略，由此设计了 ACS 算法，在算法执行过程中只考虑部分影响较大的负特征向量，从而避免不必要的计算复杂度。数值实验证实：当算法采用积极约束策略后，算法初始化的计算时间和节点下界的计算时间显著降低，而下界质量的下降并未对分支定界过程的节点枚举次数造成显著影响。

另外，我们对分支策略进行了讨论。在分支方向选择上，我们提出了子空间条件，即构造一组单位正交向量组 U，当向量组满足子空间条件 $\mathcal{L}(U) \supseteq \mathcal{L}(V)$，其中 V 为全体负特征向量构成的集合，则仅沿着 U 中向量的方向进行可行域划分（由此实现 SPS 算法），即可确保分支定界算法最终收敛。该条件为分支方向的选择提供了一般性的理论。由于传统的分支策略通常选择空间中的标准正交基作为分支方向，因此可以看作满足子空间条件的一类具体的分支策略。数值实验结果显示，对于含有稠密系数的 (QCQP)，以标准正交基作为分支方向的 SPS 算法效率低于 ACS 算法。但是，针对不同的问题类型，SPS 算法不仅可以更灵活地选择分支方向，而且可以针对具体问题结构设计满足子空间条件的特殊分支方向，从而实现更高的求解效率。

最后，我们对比了 ACS 算法、SPS 算法（以标准正交基作为分支方向），以及 BARON 软件。实验结果显示，对于参数稠密的（QCQP），BARON 软件在 1 小时内只能求解不超过 10 维的问题，而对于 15 维以上的问题，其算法效率远远低于 ACS 算法。主要原因在于：针对稠密（QCQP），线性松弛在下界紧度方面远远低于半正定松弛，导致分支定界算法整体效率不高。相比之下，针对该类问题，采用半正定松弛作为下界方法，可以在下界紧度和下界计算效率两方面达到更好的均衡效果。

第5章　单位模复变量二次规划的
辐角割平面算法

在第 3 章和第 4 章,我们针对实变量二次规划问题设计了不同类型的分支定界算法。从理论上讲,任何复变量二次规划问题可等价转化为实变量二次规划问题,因此上述两章所提出的算法同样适用于求解复变量问题情形。然而,由于复变量问题的模与辐角约束给问题带来了特殊的可行域结构,充分利用这些结构,往往能够设计出更高效的求解方法。因此,在接下来的两章,我们将专门针对复变量问题类型讨论更加有效的分支定界算法。

本章首先讨论单位模复变量二次规划问题(UMQP)。该问题形式如下:

$$\min \frac{1}{2}x^{\mathrm{H}}Qx + \mathrm{Re}(c^{\mathrm{H}}x)$$
$$\text{s. t.} \quad |x_i| = 1, i = 1, 2, \cdots, n \qquad \text{(UMQP)}$$
$$\arg x_i \in A_i, i = 1, 2, \cdots, n$$

关于(UMQP)的相关应用背景,可回顾第 1 章的相关介绍。针对(UMQP)问题的结构特点,我们将设计一类特殊的分支定界算法:基于辐角切分策略的分支定界算法。该算法采用复变量半正定松弛作为下界方法,并以复变量的辐角作为分支变量,从而更加有效地结合(UMQP)问题的结构特点提高求解效率。

本章内容安排如下:5.1 节对(UMQP)问题的结构进行分析,并设计半正定松弛方法。5.2 节将设计基于辐角切分策略的分支定界算法,并对算法的收敛性进行证明。最后,5.3 节将通过数值实验对算法的计算效率进行评估。

5.1　单位模复变量二次规划问题的半正定松弛

针对(UMQP)问题,通过引入矩阵 $X = xx^{\mathrm{H}}$,可将问题转化为如下形式：

$$\min \frac{1}{2}Q \cdot X + \mathrm{Re}(c^{\mathrm{H}}x)$$

$$\mathrm{s.\,t.}\ X_{ii}=1, i=1,2,\cdots,n$$

$$X = xx^{\mathrm{H}}$$

$$\arg x_i \in A_i, i=1,2,\cdots,n$$

(5.1)

按照经典半正定松弛过程，我们将秩一约束松弛为半正定约束 $X \geqslant xx^{\mathrm{H}}$，并忽略辐角约束，可得到如下形式的复变量半正定松弛问题：

$$\min \frac{1}{2}Q \cdot X + \mathrm{Re}(c^{\mathrm{H}}x)$$

$$\mathrm{s.\,t.}\ X_{ii}=1, i=1,2,\cdots,n$$

$$X \geqslant xx^{\mathrm{H}}$$

(5.2)

在相关文献中，形如(5.2)的半正定松弛已被广泛用于设计求解(UMQP)问题的近似算法，例如，文献[4,25,30,31]中的相关近似算法均采用了(5.2)或其等价形式作为松弛方法。然而，(UMQP)中关于 x_i 的辐角约束 $\arg x_i \in A_i$ 在松弛问题(5.2)中并没有得到体现，这将导致松弛问题(5.2)下界质量不高。倘若我们重新利用辐角约束的结构特点，挖掘新的有效不等式对松弛问题(5.2)进行改进，则有望得到更紧的松弛问题。因此，我们首先讨论辐角约束相关结构特点。

对于复变量 x_i，我们引入其二维向量集合表示：

$$D^{A_i} = \{[\mathrm{Re}(x_i),\mathrm{Im}(x_i)] \mid |x_i|=1, \arg x_i \in A_i\}$$

(5.3)

令 $\mathrm{conv}(D^{A_i})$ 表示 D^{A_i} 的凸包。针对几类常见情形，凸包 $\mathrm{conv}(D^{A_i})$ 具有非常直观的几何结构：若集合 A_i 为有限个离散点集合，则 x_i 的可行域为单位圆上的有限个离散点，其相应的凸包为多面集，可通过一系列线性不等式显式定义。若集合 $A_i = [l_i, u_i]$，其中 $u_i - l_i < 2\pi$，则 $\mathrm{conv}(D^{A_i})$ 定义如下：

$$\mathrm{conv}(D^{A_i}) = \left\{ \begin{array}{l} (\mathrm{Re}(x_i),\mathrm{Im}(x_i)) \mid \mathrm{Re}^2(x_i)+\mathrm{Im}^2(x_i) \leqslant 1, \\ a \cdot \mathrm{Re}(x_i)+b \cdot \mathrm{Im}(x_i)+c \leqslant 0 \end{array} \right\}$$

(5.4)

其中，线性不等式 $a \cdot \mathrm{Re}(x_i)+b \cdot \mathrm{Im}(x_i)+c \leqslant 0$ 中的参数 (a,b,c) 可由单位圆上的两点

$$(\cos l_i, \sin l_i), (\cos u_i, \sin u_i)$$

所在的直线方程确定。基于上述定义，针对(UMQP)，在(5.2)松弛基础上，可进一步引入凸约束 $x_i \in F^{A_i}$，其中 F^{A_i} 定义如下：

$$F^{A_i} = \{x_i \in \mathbb{C} \mid [\mathrm{Re}(x_i),\mathrm{Im}(x_i)] \in \mathrm{conv}(D^{A_i})\}$$

(5.5)

通过对松弛问题(5.2)加入约束条件 $x_i \in F^{A_i}$，可得到如下改进的半正

定松弛问题：

$$\min \frac{1}{2}Q \cdot X + \mathrm{Re}(c^{\mathrm{H}}x)$$

$$\text{s. t.} \quad X_{ii}=1, x_i \in F^{A_i}, i=1,2,\cdots,n \tag{5.6}$$

$$X \geq xx^{\mathrm{H}}$$

实际上，在半正定约束条件 $X \geq xx^{\mathrm{H}}$ 下，由于不等式

$$|x_i|^2 \leq X_{ii}=1, \forall i=1,2,\cdots,n \tag{5.7}$$

在问题(5.2)中自然成立。因此，在(5.2)中，变量 x_i 对应的可行范围为集合

$$\{x_i \in \mathbb{C} \mid |x_i| \leq 1\} \tag{5.8}$$

而在(5.6)中，变量 x_i 对应的可行范围被限制为 $x_i \in F^{A_i}$。由此可见，(5.6)与(5.2)的本质区别在于变量 x_i 对应的可行范围被有效压缩，从而得到更紧的半正定松弛。另外，随着 x 被限制在更小的可行范围，在约束 $X \geq xx^{\mathrm{H}}$ 下，X 对应的可行范围也被进一步限制。

在松弛问题(5.6)中，对于常见的辐角约束类型，约束条件 $x_i \in F^{A_i}$ 可进一步表示为线性约束。例如，对于 A_i 为离散点的情形，集合 F^{A_i} 将构成多面体集合，该集合可由线性不等式组定义；此外，若 A_i 为区间构成的集合，则根据(5.5)式，集合 F^{A_i} 可由约束条件 $|x_i| \leq 1$ 和

$$a \cdot \mathrm{Re}(x_i) + b \cdot \mathrm{Im}(x_i) + c \leq 0 \tag{5.9}$$

表示。而在(5.6)中，由于约束条件 $|x_i| \leq 1$ 自然成立，因此，在(5.6)中，约束条件 $x_i \in F^{A_i}$ 可直接替换为(5.9)。由此可见，对于上述辐角约束集合类型，(5.6)问题最终可表示为仅含线性约束的复变量半正定规划问题。

下面对(5.6)的松弛效果进行定量分析。首先，我们给出如下引理。

引理 5.1　若变量 (x, X) 为松弛问题(5.6)的可行解，且满足

$$|x_i|=1, \forall i=1,2,\cdots,n \tag{5.10}$$

则 $X=xx^{\mathrm{H}}$。此外，若 $(\bar{x}, \bar{X})$ 为松弛问题(5.6)的最优解，且满足

$$|\bar{x}_i|=1, \arg \bar{x}_i \in A_i, \forall i=1,2,\cdots,n \tag{5.11}$$

则 $\bar{x}$ 为(UMQP)的最优解。

证明： 若条件(5.10)对可行解 (x, X) 成立，则矩阵 $X-xx^{\mathrm{H}}$ 对角项均为零。此外，在约束条件 $X \geq xx^{\mathrm{H}}$ 下，矩阵 $X-xx^{\mathrm{H}}$ 同时为半正定矩阵，因此 $X=xx^{\mathrm{H}}$ 成立。进一步，若 $(\bar{x}, \bar{X})$ 为松弛问题(5.6)的最优解，且满足条件(5.11)，则 $\bar{X}=\overline{x}\overline{x}^{\mathrm{H}}$，此时 $(\bar{x}, \bar{X})$ 为秩一解，对(5.1)可行，因此也是(5.1)的最优解。根据(5.1)和(UMQP)的等价性，可知 $\bar{x}$ 为(UMQP)的最优解。证毕。

实际上,当 A_i 为离散点集或区间时,不难证明:在 $x_i \in F^{A_i}$ 基础上,若 $|x_i| = 1$ 成立,则 $\arg x_i \in A_i$ 自然成立。因此,针对上述情形,引理 5.1 中的条件(5.11)可简化为如下条件:

$$|\bar{x}_i| = 1, \forall i = 1, 2, \cdots, n \tag{5.12}$$

上述引理说明,对于松弛问题(5.6)的最优解 $(\bar{x}, \bar{X})$,若条件(5.12)成立,则通过求解松弛问题(5.6),即可直接得到(UMQP)的全局最优解 $\bar{x}$。然而,通常情况下,(UMQP)问题与松弛问题(5.6)之间的松弛间隙非零。对于松弛间隙不为零的情形,至少存在一项 $i \in \{1, 2, \cdots, n\}$,使得不等式 $|\bar{x}_i| < 1$ 成立。

松弛问题(5.6)之所以比(5.2)更紧,主要原因在于 x_i 对应的可行域被进一步控制在 $x_i \in F^{A_i}$。当 $A_i \subseteq [l_i, u_i]$,且 $u_i - l_i < \pi$ 时,集合 F^{A_i} 不包含复平面原点,且当 $u_i - l_i$ 越小,集合 F^{A_i} 与原点之间的距离也就越远。因此,通过对辐角范围进行划分,缩减区间 $[l_i, u_i]$ 的长度,可利用约束条件 $x_i \in F^{A_i}$ 进一步控制 x_i 的取值范围,使其模更接近 1。我们可以得到如下引理。

引理 5.2 若集合 $A_i \subseteq [l_i, u_i]$ 且 $u_i - l_i < \pi$,其中 $l_i = \min\limits_{\theta \in A_i} \theta$,$u_i = \max\limits_{\theta \in A_i} \theta$,则

$$\min_{x_i \in F^{A_i}} |x_i| = \cos\left(\frac{u_i - l_i}{2}\right) \tag{5.13}$$

证明:首先对 $A_i = [l_i, u_i]$ 的情形进行讨论。考虑单位圆

$$\{[\mathrm{Re}(x_i), \mathrm{Im}(x_i)] \mid \mathrm{Re}^2(x_i) + \mathrm{Im}^2(x_i) \leqslant 1\} \tag{5.14}$$

上的点 $(\cos l_i, \sin l_i)$ 和 $(\cos u_i, \sin u_i)$,该点所在的直线段可将单位圆切分为两部分,而当 $u_i - l_i < \pi$ 时,F^{A_i} 对应面积偏小的切分区域。相应地,直线段的中点

$$\hat{x}_i = \frac{\cos l_i + \cos u_i}{2} + i \, \frac{\sin l_i + \sin u_i}{2} \tag{5.15}$$

恰好是集合 F^{A_i} 所有点中距离原点最近的点,该点模长为

$$|\hat{x}_i| = \sqrt{\frac{1 + \cos(u_i - l_i)}{2}}$$

$$= \cos\left(\frac{u_i - l_i}{2}\right) \tag{5.16}$$

因此,式(5.13)成立。

进一步,对于一般情形,当 $A_i \subseteq [l_i, u_i]$ 时,不难证明 $F^{A_i} \subseteq F^{[l_i, u_i]}$,且

$$\hat{x}_i = \frac{\cos l_i + \cos u_i}{2} + i \, \frac{\sin l_i + \sin u_i}{2} \in F^{A_i}$$

因此，$\hat{x}_i$ 依然是 F^{A_i} 的所有点中距离原点最近的点，相应的模为

$$|\hat{x}_i| = \sqrt{\frac{1+\cos(u_i-l_i)}{2}}$$
$$= \cos\left(\frac{u_i-l_i}{2}\right) \tag{5.17}$$

因此，式(5.13)成立。证毕。

在引理 5.2 中，差值 $u_i - l_i$ 是控制集合 F^{A_i} 上的点的模长最小取值的一项重要指标，我们称之为集合 A_i 的宽度。由引理 5.2 可知，若集合 A_i 的宽度越接近零，则 F^{A_i} 中的点 x_i 越接近复平面单位圆 $\{x_i \in \mathbb{C} \mid |x_i| = 1\}$。

在求解过程中，对于如下形式的离散辐角情形：

$$A_i = \left\{0, \frac{1}{m}2\pi, \cdots, \frac{m-1}{m}2\pi\right\} \tag{5.18}$$

集合 F^{A_i} 可以表示为由 m 个顶点组成的多面集。该集合可由 m 个线性不等式表示。对于 m 较大的情形，采用经典的内点算法直接求解(5.6)问题的计算效率将非常低，主要是随着 m 变大，(5.6)中的约束个数会达到 $O(mn)$ 的数量级，这将导致内点算法求解牛顿方向的计算复杂度快速上升。因此，对于 m 非常大的情形，我们通常不直接采用内点算法求解问题。容易证明，问题(5.6)中的大多数不等式约束是非积极约束，特别是约束条件 $x_i \in F^{A_i}$ 对应的 m 个线性不等式，最多有两个不等式可同时为积极约束。因此，在问题最优解处，积极约束的个数不超过 $2n+1$ 个。我们可以设计迭代步骤求解(5.6)：首先采用内点算法求解(5.2)获得其最优解，随后判断(5.6)中哪些约束未得到满足，并将这些约束加入(5.2)问题再进行求解。如此反复添加有效的不等式，不断增强松弛效果，直到(5.6)所有不等式约束均得到满足，则迭代算法最终得到(5.6)的最优解。对于 m 非常大的情形，采用上述迭代方法求解(5.6)，往往比直接采用内点算法求解(5.6)的计算效率高很多。

5.2　基于辐角切分策略的分支定界算法

在松弛(5.6)基础上，我们进一步设计求解(UMQP)问题的分支定界算法。如上一节分析，对于松弛(5.6)的可行解 (x, X)，我们希望每项 x_i 的模尽可能接近单位长度。而当 A_i 的宽度非常接近零时，约束条件 $x_i \in F^{A_i}$ 将使得 x_i 的模接近单位长度。若松弛问题(5.6)的最优解 (x^*, X^*) 存在

某一项 x_i^*，其模 $|x_i^*|$ 明显小于单位长度，则可通过将 A_i 划分为两个子集合，使得每个子集的宽度减半，由此构造两个分支节点，使得分支子问题中 x_i 的可行范围将更加远离原点，由此减小松弛间隙。

基于上述思路，我们设计分支定界算法如下：针对枚举节点，我们采用 (5.6) 作为松弛问题。求解松弛问题得到最优解 (x^*, X^*) 后，令

$$i^* = \arg \min_{i \in \{1,2,\cdots,n\}} |x_i^*| \tag{5.19}$$

为模最小的项对应的指标，对相应的辐角集合进行划分。划分过程采用如下辐角切分策略。

（1）当辐角集合 A_{i^*} 为区间时，我们将其等分为两个子区间。

（2）当 A_{i^*} 离散点集时，我们将其划分为子集合 $A_{i^*} \cap (-\infty, z_{i^*}]$ 和 $A_{i^*} \cap (z_{i^*}, +\infty)$，其中 $z_{i^*} = (l_{i^*} + u_{i^*})/2$，且 l_{i^*} 及 u_{i^*} 分别为 A_{i^*} 的上确界和下确界。

经过上述划分，可进一步构造两个分支节点。

进一步，我们设计上界策略。对于问题 (5.6)，由于其最优解 (x^*, X^*) 中的 x^* 不一定是（UMQP）问题的可行解，为了利用 (x^*, X^*) 生成（UMQP）问题可行解，我们按照如下步骤将 x^* 投影到（UMQP）的可行域：对于所有 $i \in \{1,2,\cdots,n\}$，将 $\arg x_i^*$ 映射到 A_i 中距离 $\arg x_i^*$ 最近的点（即投影点，记为 θ_i；若 $x_i^* = 0$，则令 θ_i 随机取 A_i 中任意一个点），由此生成（UMQP）可行解 $\hat{x} = [e^{i\theta_1}, e^{i\theta_2}, \cdots, e^{i\theta_n}]^T$。我们记上述映射关系为 $\hat{x} = \mathcal{R}(x^*)$。此时，（UMQP）可行解 $\hat{x}$ 对应的目标值

$$\frac{1}{2}\hat{x}^H Q \hat{x} + \mathrm{Re}(c^H \hat{x}) \tag{5.20}$$

可作为问题的上界。简便起见，本章后续部分采用函数 $f(x)$ 表示（UMQP）问题目标函数，即

$$f(x) = \frac{1}{2}x^H Q x + \mathrm{Re}(c^H x) \tag{5.21}$$

此外，注意到松弛问题 (5.6) 的具体定义依赖于辐角集合的相关定义，对于给定的辐角范围 $A = A_1 \times A_2 \times \cdots \times A_n$，由于问题 (5.6) 的具体定义与 A 相关，我们记基于 A 定义的问题 (5.6) 为 ECSDP(A)。采用上述符号，我们给出求解（UMQP）问题的基于辐角切分策略的分支定界算法（简记为 AD-BB 算法），其伪代码如图 5.1 所示。

接下来，我们对 AD-BB 算法的正确性进行理论分析。我们以 v^* 表示（UMQP）的最优值。我们首先分析算法的正确性。在 AD-BB 算法中，根据第 6 行的节点选取规则，算法选出的分支问题对应的下界 L^k 是所有活跃节点中最小的下界值，因此必然满足 $L^k \leqslant v^*$。进一步，若算法第 8 行的终

输入 (UMQP)问题算例，误差界 $\varepsilon > 0$，初始辐角集合 $A^0 = A_1 \times \ldots \times A_n$.

1: 令 $k = 0$，求解 ECSDP(A^0)，得到最优解 (x^0, X^0) 和最优值 L^0，生成可行解 $\hat{x}^0 = \mathcal{R}(x^0)$.

2: 令 $U^* = f(\hat{x}^0)$，$x^* = \hat{x}^0$.

3: 构造活跃节点集合 $\mathcal{P}$，将节点 $\{A^0, x^0, \hat{x}^0, L^0\}$ 插入 $\mathcal{P}$.

4: **loop**

5: 　　更新 $k \leftarrow k + 1$.

6: 　　在 $\mathcal{P}$ 中选择活跃节点 $\{A^k, x^k, \hat{x}^k, L^k\}$，其中 L^k 是 $\mathcal{P}$ 所有节点下界中最小的一项.

7: 　　将被选出的问题从 $\mathcal{P}$ 中删除.

8: 　　**if** $U^* - L^k < \varepsilon$ **then**

　　　　返回 x^*，算法终止.

9: 　　**end if**

10: 　　计算 $i^* = \arg\max_{i \in \{1,\ldots,n\}} |x_i^k - \hat{x}_i^k|$，计算集合 A_{i^*} 的中位数 z^*.

11: 　　采用辐角切分策略，将集合 A^k 划分为子集 A_-^k 和 A_+^k.

12: 　　求解 ECSDP(A_-^k)，得到最优解 (x_-^k, X_-^k) 和最优值 L_-^k，生成可行解 $\hat{x}_-^k = \mathcal{R}(x_-^k)$.

13: 　　**if** $U^* > f(\hat{x}_-^k)$ **then**

　　　　更新 $U^* = f(\hat{x}_-^l)$，$x^* = \hat{x}_-^k$.

14: 　　**end if**

15: 　　**if** $L_-^l \leqslant U^*$ **then**

　　　　将节点 $\{A_-^k, x_-^k, \hat{x}_-^k, L_-^k\}$ 插入 $\mathcal{P}$.

16: 　　**end if**

17: 　　求解 ECSDP(A_+^k)，得到最优解 (x_+^k, X_+^k) 和最优值 L_+^k. 计算扰动解 $\hat{x}_+^k = \mathcal{R}(x_+^k)$.

18: 　　**if** $U^* > f(\hat{x}_+^k)$ **then**

　　　　更新 $U^* = f(\hat{x}_+^k)$，$x^* = \hat{x}_+^k$.

19: 　　**end if**

20: 　　**if** $L_+^k \leqslant U^*$ **then**

　　　　将节点 $\{A_+^k, x_+^k, \hat{x}_+^k, L_+^k\}$ 插入 $\mathcal{P}$.

21: 　　**end if**

22: **end loop**

图 5.1　求解(UMQP)问题的 AD-BB 算法

止条件 $U^* - L^k < \varepsilon$ 得到满足，则解 x^* 满足如下不等式：

$$F(x^*) = U^* < L^k + \varepsilon \leqslant v^* + \varepsilon \tag{5.22}$$

此时算法返回的解 x^* 为问题的 ε-最优解。

进一步，我们分析算法的收敛性。若对任意 $i = 1, 2, \cdots, n$，辐角约束集合 A_i 均为有限点集，则问题可行解个数有限，分支定界算法必然在有限步循环内得到问题的全局最优解。若 $A_i = [l_i^0, u_i^0]$ 为区间，问题可行解个数为无限多个。针对此类情形，对任意给定的误差界 $\varepsilon > 0$，我们希望算法在有限次循环后得到问题的 ε-最优解并终止。实际上，对于 $A_i = [l_i^0, u_i^0]$ 的情形,考虑枚举过程中某节点对应的松弛问题(5.6)的最优解$(\overline{x}, \overline{X})$,最优值$L^k$,以及近似解$\hat{x} = \mathcal{R}(\overline{x})$,可证明下式成立:

$$
\begin{aligned}
& |F(\hat{x}) - v^*| \\
\leqslant\ & |F(\hat{x}) - L^k| \\
\leqslant\ & |F(\hat{x}) - F(\overline{x})| + |F(\overline{x}) - Q \cdot \overline{X} - \mathrm{Re}(c^{\mathrm{H}} \overline{x})| \\
=\ & |F(\hat{x}) - F(\overline{x})| + |Q \cdot (\overline{X} - \overline{x}\overline{x}^{\mathrm{H}})|
\end{aligned}
\tag{5.23}
$$

此外,根据(5.19)式定义的分支变量选取规则可知,对任意$i = 1, 2, \cdots, n$,有

$$
|\overline{x}_i| \geqslant |\overline{x}_{i^*}| \geqslant \cos\left(\frac{u_{i^*} - l_{i^*}}{2}\right)
\tag{5.24}
$$

进一步,可证明如下不等式成立:

$$
\|\hat{x} - \overline{x}\|_1 = \max_{i \in \{1, 2, \cdots, n\}} (1 - |\overline{x}_i|) \leqslant 1 - \cos\left(\frac{u_{i^*} - l_{i^*}}{2}\right)
\tag{5.25}
$$

因此,对于分支定界算法在第10步选择的分支变量指标i^*,如果$u_{i^*} - l_{i^*}$足够接近零,则算法第12行和第17行得到的松弛问题最优解[暂记为$(\overline{x}, \overline{X})$],$\overline{X} - \overline{x}\overline{x}^{\mathrm{H}}$的对角项也将接近于零,同时,对于近似解$\hat{x}$,$\|\hat{x} - \overline{x}\|_1$也将趋近于零。在此基础上$|F(\hat{x}) - v^*|$也将接近于零。由于$A_i$的初始宽度不超过$2\pi$,因此,在不断细分过程中,必然会有某一步选择$i^*$,使得相应的区间宽度$u_{i^*} - l_{i^*}$足够小。按照上述思路,我们不难严格证明如下定理,证明过程可参阅文献[89]。

定理 5.1 对于给定的(UMQP)问题,以及任意给定的非负误差界限$\varepsilon > 0$,AD-BB算法必然在有限次循环后返回问题的ε-最优解。

5.3 数 值 实 验

接下来,我们开展数值实验,对所提出的算法相关性能进行测试。我们将对比经典半正定松弛问题(5.2)和改进半正定松弛问题(5.6)的下界质量。进一步,我们将比较AD-BB算法求解全局最优解的计算效率。所有实验均在MATLAB环境下进行。在算法实现中,我们调用SeDuMi求解松弛问题中的所有复变量半正定规划问题。在所有实验中,误差界取$\varepsilon = 10^{-4}$。

5.3.1 半正定松弛下界质量比较

我们首先对不同的半正定松弛方法的下界质量进行比较。与经典半正

定松弛问题(5.2)相比,改进的松弛问题(5.6)最主要的变化在于引入约束条件 $x_i \in F^{A_i}$,从而有效限制了 x_i 的取值范围。本节通过实验对比(5.2)和(5.6)的松弛效果来评价约束条件 $x_i \in F^{A_i}$ 带来的改进效果。

我们采用文献[25]中的雷达相位码设计模型作为测试算例,该问题形式如下:

$$\max\ x^H R x$$
$$\mathrm{s.t.}\ |x_i| = 1, i = 1, 2, \cdots, n \tag{5.26}$$
$$\|x - x^0\|_\infty \leqslant \varepsilon$$

容易验证,当 $\varepsilon < \sqrt{2}$ 时,约束条件

$$\|x - x^0\|_\infty \leqslant \varepsilon \tag{5.27}$$

等价于如下辐角约束:

$$\arg x_i \in A_i = [\arg c_i^0 - \arccos(1 - \varepsilon^2/2), \arg c_i^0 + \arccos(1 - \varepsilon^2/2)]$$
$$\forall i = 1, 2, \cdots, n$$

问题目标函数 $x^H R x$ 对应雷达信号的信噪比。通过提高信噪比,可以有效提高雷达的检测质量。然而,雷达的设计目标不仅要求达到较高的信噪比,同时还希望波形具有良好的检测性质。因此,文献[25]引入约束条件(5.27)来控制波形质量,其中 x^0 是预先给定一组具有较好性质的雷达码(如 Barker 码就是典型的高质量雷达码)。当 x 与 x^0 的距离较近时,x 通常可在一定程度上保留 x^0 所具备的相关信号特性。针对该问题形式,我们按照文献[25]的方法生成测试数据:首先生成

$$R = M^{-1} \bigotimes (p p^H)^* \tag{5.28}$$

其中,符号(·)* 表示逐项取共轭,$\bigotimes$ 表示 Hadamard 积,$M_{ij} = \rho^{|i-j|}$,且 ρ 按照[0.2, 0.8]上的均匀分布随机采样,令

$$p = [1, e^{j2\pi f_d T_r}, \cdots, e^{j2\pi(N-1)f_d T_r}]^T \tag{5.29}$$

其中,$f_d T_r$ 取值设置为 0.15。我们随机生成 7 维测试算例,其中 x^0 取长度为 7 的 Barker 码,即

$$x^0 = [1, 1, 1, -1, -1, 1, -1]^T \tag{5.30}$$

此外,问题约束中的参数 ε 在不同实验中分别设为 0.5176 或 1.0,上述取值分别对应 A_i 的宽度为 $\pi/3$ 和 $2\pi/3$ 两类情形。按照上述过程,我们生成 10 组测试样例,其中前 5 组中 ε 设为 0.5176,后 5 组中 ε 设为 1.0。我们分别采用(5.2)和(5.6)中的两种松弛方法对测试样例进行上界估计(该问题是极大化问题,因此得到的界对应问题上界)。相关结果如表 5.1 所列。

表 5.1　半正定松弛(5.6)与(5.2)对比

编号	A_i 宽度	松弛(5.6)	松弛(5.2)	最优值	松弛间隙降低比例
1	$\pi/3$	9.7	10.3	9.6	92.66%
2	$\pi/3$	15.2	20.6	14.9	95.05%
3	$\pi/3$	18.6	27.0	18.5	98.62%
4	$\pi/3$	15.2	21.2	14.5	90.15%
5	$\pi/3$	13.9	17.8	13.7	94.87%
6	$2\pi/3$	57.6	70.9	47.5	57.04%
7	$2\pi/3$	17.8	18.5	16.5	37.17%
8	$2\pi/3$	18.1	19.9	17.1	63.05%
9	$2\pi/3$	24.8	28.6	22.0	57.86%
10	$2\pi/3$	15.3	16.7	15.0	81.58%

从表 5.1 所列出的实验结果可以看出,松弛问题(5.6)与(5.2)相比,松弛效果大幅度改进,特别是当 ε 取 0.5176 时,约束 $x_i \in F^{A_i}$ 起到了非常大的作用,导致(5.6)的松弛间隙比(5.2)的松弛间隙降低了 90% 以上。对于 $\varepsilon = 1.0$ 的情形,辐角约束仍然起到了较大作用,松弛问题(5.6)与(5.2)相比,松弛间隙也降低了 30%～80%。由此可见,(5.6)中的约束条件 $x_i \in F^{A_i}$ 对降低松弛间隙的作用是相当显著的。

5.3.2　雷达相位码设计问题全局优化求解效率

接下来,我们采用 AD-BB 算法求解雷达相位码设计问题的全局最优解。针对该问题,模型(5.26)主要考虑了连续辐角约束情形。针对实际应用背景,文献[25]除考虑模型(5.26)外,也进一步考虑了离散辐角约束情形。具体来说,相位的取值范围进一步被限制在如下形式的离散集合:

$$A = \left\{ 0, \frac{2\pi}{m}, \cdots, \frac{(m-1)2\pi}{m} \right\} \tag{5.31}$$

变量辐角 $\arg x_i$ 只允许取上述离散值,针对该情形,问题模型可写为如下形式:

$$
\begin{aligned}
&\max \ x^H R x \\
&\text{s. t. } |x_i| = 1, \arg x_i \in A, i = 1, 2, \cdots, n \\
&\qquad \|x - x^0\|_\infty \leqslant \varepsilon
\end{aligned}
\tag{5.32}
$$

当 $\varepsilon < \sqrt{2}$ 时,记

$$\overline{A}_i = \left[\arg c_i^0 - \arccos(1 - \varepsilon^2/2), \arg c_i^0 + \arccos(1 - \varepsilon^2/2)\right] \quad (5.33)$$

并定义离散辐角集合

$$A_i = \left\{0, \frac{2\pi}{m}, \cdots, \frac{(m-1)2\pi}{m}\right\} \cap \overline{A}_i \quad (5.34)$$

则(5.32)可简化为如下形式:

$$\max x^H R x$$
$$\text{s.t. } |x_i| = 1, \arg x_i \in A_i, i = 1, 2, \cdots, n \quad (5.35)$$

在本节,我们将分别通过实验评测 AD-BB 算法在求解连续相位和离散相位两类情形时的计算效率。

5.3.2.1　连续相位情形测试算例

首先考虑连续相位情形。我们按照 5.3.1 节所介绍的算例生成规则,随机生成 20 个算例,其中前 10 个算例 ε 取 0.5176,后 10 个算例 ε 取 1.0。所有算例均分别采用本文提出的算法与文献[25]的随机算法进行求解。我们采用 AD-BB 算法对所有算例求解全局最优解,同时,我们也采用文献[25]所介绍的近似算法求解上述测试算例。相关结果如表 5.2 与表 5.3 所列。

表 5.2　AD-BB 算法与随机算法对比,区间宽度为 $\pi/3$ 情形

问题编号	AD-BB 算法			随机算法 100 次采样		随机算法 1 万次采样	
	枚举次数	目标值	计算时间	目标值	计算时间	目标值	计算时间
1	8	23.9	0.57	18.4	0.04	18.4	0.96
2	4	13.8	0.24	12.1	0.03	12.3	0.94
3	1	10.9	0.03	9.8	0.03	10.0	0.94
4	4	15.4	0.23	13.0	0.04	13.0	0.94
5	12	16.8	0.74	13.5	0.03	13.5	0.93
6	2	16.6	0.10	14.9	0.03	15.4	0.94
7	3	25.1	0.17	18.6	0.04	18.7	0.95
8	1	23.8	0.03	19.5	0.03	20.1	0.94
9	3	10.6	0.16	9.8	0.03	10.0	0.94
10	11	11.5	0.67	10.5	0.03	10.7	0.94

表 5.3   AD-BB 算法与随机算法对比,区间宽度为 $2\pi/3$ 情形

问题编号	AD-BB 算法			随机算法 100 次采样		随机算法 1 万次采样	
	枚举次数	目标值	计算时间	目标值	计算时间	目标值	计算时间
1	14	36.4	0.93	27.0	0.04	27.6	0.97
2	21	11.4	1.34	9.9	0.03	9.9	0.94
3	28	21.3	1.71	17.8	0.03	19.6	0.93
4	3	14.1	0.16	11.9	0.03	11.9	0.94
5	16	32.3	1.01	21.5	0.04	21.5	0.94
6	13	20.4	0.81	15.5		25.6	0.94
7	24	10.5	1.47	9.9	0.04	10.0	0.94
8	19	39.1	1.19	27.9	0.04	27.9	0.95
9	24	26.3	1.48	20.9	0.03	21.0	0.93
10	44	26.7	2.84	19.6	0.03	20.1	0.95

观察表 5.2 与表 5.3 所列出的实验结果,我们可得到如下结论:AD-BB 算法通常可以在 1～3 秒的计算时间内得到问题的(在给定误差范围内的)全局最优解。虽然 AD-BB 算法的相比近似算法需要更长的计算时间,但是,AD-BB 算法得到的解的质量更有保障。从结果中可以看出,对于部分算例,近似解对应的目标值与全局最优值具有非常大的差异。此外,增加近似算法的随机采样次数,仍然无法显著改进近似解的质量。因此,对于非实时应用场景,AD-BB 算法的计算效率是可以满足实际应用需求的,且可确保得到高质量解。

5.3.2.2   离散相位码设计问题测试算例

进一步,我们考虑离散相位情形,我们生成 20 个算例,其中,前 10 个算例中的参数 ε 取值为 0.5176,后 10 个算例中的参数 ε 取值为 1.0,离散集合 A(参见式(5.31)给出的定义)中的离散点个数取 $m=18$。我们分别采用 AD-BB 算法和文献[25]提出的随机算法对测试算例进行求解,结果如表 5.4 与表 5.5 所列。

表 5.4　AD-BB 算法与随机算法对比,区间宽度为 $\pi/3$ 情形

问题编号	AD-BB 算法			随机算法 100 次采样		随机算法 1 万次采样	
	枚举次数	目标值	计算时间	目标值	计算时间	目标值	计算时间
1	7	17.1	0.45	13.8	0.04	14.1	1.74
2	5	23.2	0.31	18.9	0.04	20.6	1.68
3	6	21.6	0.36	17.4	0.04	17.8	1.70
4	11	16.9	0.70	14.2	0.04	15.7	1.69
5	6	14.6	0.36	12.7	0.04	13.3	1.69
6	8	10.6	0.49	9.8	0.04	9.9	1.69
7	3	23.4	0.15	19.0	0.04	19.4	1.68
8	7	13.2	0.44	11.6	0.03	12.1	1.68
9	4	9.8	0.22	9.0	0.04	9.3	1.68
10	7	20.2	0.45	16.6	0.03	17.6	1.69

表 5.5　AD-BB 算法与随机算法对比,区间宽度为 $2\pi/3$ 情形

问题编号	AD-BB 算法			随机算法 100 次采样		随机算法 1 万次采样	
	枚举次数	目标值	计算时间	目标值	计算时间	目标值	计算时间
1	26	11.1	1.58	10.2	0.04	10.6	1.73
2	21	20.7	1.26	17.7	0.04	18.0	1.70
3	10	19.5	0.61	15.6	0.04	16.6	1.69
4	33	15.3	2.05	13.5	0.05	13.9	1.70
5	25	28.3	1.61	21.6	0.04	23.7	1.69
6	27	87.8	1.81	58.8	0.04	58.8	1.69
7	24	30.3	1.63	26.3	0.04	27.0	1.69
8	21	12.6	1.31	10.5	0.03	10.5	1.70
9	34	16.8	2.22	14.9	0.04	15.5	1.69
10	37	11.3	2.34	10.4	0.04	10.6	1.69

　　观察表 5.4 和表 5.5 相关结果,可得到如下结论:与连续辐角情形类似,针对离散辐角情形,AD-BB 算法通常可以在 1～3 秒的计算时间内找到

问题的全局最优解。相比之下,随机算法虽然可以达到更高的计算效率,但无法确保得到高质量解。虽然对大部分测试算例而言,随机算法得到的解的近似比非常高,但仍然存在少量测试算例,通过近似算法得到的解与全局最优解有显著差异,而且通过提高随机采样次数也无法显著改进近似解的质量。

5.3.3 一般情形测试算例

接下来,我们采用一般形式的(UMQP)测试算例对 AD-BB 算法计算效率进行评测。所有测试算例均采用 MATLAB 按照特定分布随机产生:其中 Hermitian 矩阵 Q 以及向量 c 各项系数的实部虚部均服从区间$[-1,1]$上的均匀分布。根据上述分布,我们生成具有不同维数的算例,并采用 AD-BB 算法对其进行求解。针对每组测试算例,我们分别考虑无辐角约束(取 $A_i = [0, 2\pi]$)及离散辐角约束(取 $A_i = \{0, 2\pi/3, 4\pi/3\}$)两类情形。算法迭代次数、计算时间如表 5.6 所列。

表 5.6 随机生成算例数值模拟

问 题		无辐角约束情形		离散辐角约束情形	
编号	维数	枚举次数	计算时间	枚举次数	计算时间
1	10	6	0.38	147	8.44
2	10	18	1.24	73	4.32
3	10	1	0.03	66	3.83
4	10	1	0.03	72	4.23
5	10	4	0.25	45	2.73
6	10	1	0.04	20	1.21
7	10	1	0.03	34	2.07
8	10	5	0.32	157	8.94
9	10	1	0.03	69	4.11
10	10	1	0.04	75	4.33
11	20	1	0.08	346	37.00
12	20	1	0.07	1177	118.44
13	20	22	2.98	5013	479.70

续表

问　题		无辐角约束情形		离散辐角约束情形	
编号	维数	枚举次数	计算时间	枚举次数	计算时间
14	20	163	23.16	2297	243.60
15	20	122	17.88	4867	469.12
16	20	238	36.71	5092	490.63
17	20	1174	176.01	1612	162.26
18	20	36	5.25	1975	202.58
19	20	821	121.69	1664	174.68
20	20	95	13.52	5938	553.41

观察表 5.6,可得到如下结论:对于本节所生成的测试算例,当无辐角约束时,AD-BB 算法很快就可以收敛到问题的全局最优解,甚至对大部分 10 维的测试算例,仅需要一次迭代即可得到全局最优解。由此说明,AD-BB 算法所采用的松弛问题(5.6)的松弛间隙为零的概率是比较大的。另外,对于离散辐角约束问题情形,全局解搜索难度显著增加。这主要是由于求解半正定松弛得到的解(x^*, X^*)需要经过扰动才能得到(UMQP)的可行解$\hat{x} = \mathcal{R}(x^*)$。而扰动过程通常需要对 x^* 的辐角进行一定程度的调整,导致 x^* 和 $\hat{x}$ 之间通常存在较大的差异(相比之下,当辐角集合为区间时,扰动过程不需要改变变量辐角)。虽然离散辐角问题情形的求解难度相对更大,但 AD-BB 算法的计算效率还是可以接受的。对于本节所采用的测试算例,AD-BB 算法可以在 10 分钟的计算时间内返回所有 20 维问题的全局最优解。相比之下,除 AD-BB 算法外,目前我们尚未找到其他算法可针对(UMQP)问题达到类似的求解效率。

5.4　本 章 小 结

本章讨论了单位模约束复变量二次规划(UMQP)问题的全局优化方法。如第 1 章所介绍,(UMQP)在通信、信号处理领域具有非常广泛的应用。此外,(UMQP)也是最大割问题(特别是 MAX-3-CUT 问题)的基本模型。

针对(UMQP)问题,现有文献中的方法主要是以近似算法为主。而在近似算法设计过程中,通常采用传统半正定松弛方法(5.2)。然而,传统半正定松弛方法忽略了问题的辐角约束,因此下界质量往往较差。为了降低松弛间隙,我们充分利用了辐角约束的几何结构,并由此挖掘了有效不等式,从而提出了改进的半正定松弛问题(5.6)。数值实验结果显示:针对一些具体的(UMQP)问题情形,半正定松弛(5.6)得到的下界质量远远高于(5.2)的下界质量。

进一步,采用松弛问题(5.6)作为下界方法,我们提出了基于辐角切分策略的分支定界算法(AD-BB算法),并采用该方法求解具体的(UMQP)问题情形。实验证实,针对雷达相位设计中常见的 7 维测试问题,AD-BB 算法在比较理想的计算时间内可确保得到问题的全局最优解。

第6章 复变量二次规划的极坐标分支定界算法

第5章针对单位模约束复变量二次规划问题设计了基于辐角切分策略的分支定界算法。然而,该方法只适用于求解变量的模为常数的问题情形。为了求解变量模可变的问题情形,我们需要设计更通用的求解策略。实际上,在基于辐角切分策略的分支定界算法中,由于问题变量均为单位模变量,只有辐角为可变成分,因此辐角变量可作为单位模复变量的等价表示。该方法为我们带来如下启发:对于一般情形的复变量,我们采用极坐标形式作为变量的等价表示,并选择极坐标变量作为分支变量,由此帮助我们利用复变量的结构特点设计有效不等式。

基于上述思想,本章重点讨论求解复变量二次规划问题的极坐标分支定界方法。我们将引入问题的极坐标表示,挖掘有效不等式,并设计问题的半正定松弛方法。在此基础上,以半正定松弛问题作为下界方法,进一步设计求解复变量问题的分支定界算法。本章假定问题具有如下形式:

$$\min \frac{1}{2} x^H Q x + \mathrm{Re}(c^H x)$$
$$\text{s. t. } l_i \leqslant |x_i| \leqslant u_i, i = 1, 2, \cdots, n \qquad \text{(CQP)}$$
$$\arg x_i \in A_i, i = 1, 2, \cdots, n$$

其中,变量 $x \in \mathbb{C}^n$ 为 n 维复数空间中的列向量,$Q \in \mathbb{C}^{n \times n}$ 为 n 阶 Hermitian 矩阵,$c \in \mathbb{C}^n$,且对任意 $i = 1, 2, \cdots, n, 0 \leqslant l_i \leqslant u_i, A_i \subseteq [0, 2\pi]$。在本章范围,我们以 $F(x)$ 表示(CQP)的目标函数。

问题(CQP)与第1章介绍的(CQCQP)略有不同。在(CQP)中,问题仅包含模约束和辐角约束,而不含二次不等式约束,因此可看作(CQCQP)的特殊子类情形。简单起见,本章以(CQP)作为基本问题形式。然而,本章所介绍的方法均可扩展到求解更具一般性的(CQCQP)问题形式。

6.1　基于复变量极坐标表示的半正定松弛方法

我们首先对(CQP)问题进行结构分析,并利用结构特点挖掘有效不等式,设计高质量半正定松弛方法。首先,按照秩一重构技术引入复变量矩阵 $X=xx^H$,并将(CQP)问题转化为如下形式:

$$\min \frac{1}{2}Q \cdot X + \mathrm{Re}(c^H x)$$
$$\text{s. t. } l_i^2 \leqslant X_{ii} \leqslant u_i^2, i=1,2,\cdots,n \qquad (6.1)$$
$$\arg x_i \in A_i, i=1,2,\cdots,n$$
$$X=xx^H$$

在此基础上,将秩一约束条件 $X=xx^H$ 松弛为复变量半正定约束条件 $X \geqslant xx^H$,并忽略辐角约束 $\arg x_i \in A_i$,由此构造如下形式的复变量半正定松弛问题:

$$\min \frac{1}{2}Q \cdot X + \mathrm{Re}(c^H x)$$
$$\text{s. t. } l_i^2 \leqslant X_{ii} \leqslant u_i^2, i=1,2,\cdots,n \qquad (6.2)$$
$$X \geqslant xx^H$$

通过求解问题(6.2),我们可以计算(CQP)的下界。当问题(CQP)的目标函数为凸函数,且 $l_i=0, A_i=[0,2\pi]$ 时,问题(CQP)为凸优化问题,此时松弛问题(6.2)将不会引入非零松弛间隙。然而,对于一般非凸情形,(6.2)的松弛间隙通常不为零,其最优解 (x^*, X^*) 中的 x^* 不一定是(CQP)问题的可行解。针对该情形,现有文献中的求解方法通常在半正定松弛(6.2)的基础上进一步设计近似算法,对半正定松弛问题(6.2)的最优解 (x^*, X^*) 进行后处理,从而得到(CQP)的近似解。经典的近似算法虽然可以实现比较高的计算效率,但针对不同问题类型,其近似解的质量并不总是很理想。为了得到问题的全局最优解,我们将进一步利用问题结构特点,设计相对有效的分支定界算法。

为了推导出更适合作为分支定界下界算法的半正定松弛策略,我们进一步挖掘问题(CQP)的结构特点。注意到经典半正定松弛问题(6.2)的松弛间隙主要源于对秩一约束 $X=xx^H$ 的松弛,以及对辐角约束的松弛。因此,若利用复变量问题的结构特点,挖掘更有效的不等式约束,则有望得到更紧的松弛效果。实际上,在半正定约束条件 $X \geqslant xx^H$ 的基础之上,若(6.2)的可行解 (X, x) 满足

$$X_{ii} = x_i x_i^{\mathrm{H}}, i = 1, 2, \cdots, n \tag{6.3}$$

则 $X - xx^{\mathrm{H}}$ 将成为对角项均为零的半正定矩阵,此时必有 $X = xx^{\mathrm{H}}$。由此可见,可通过挖掘非线性约束(6.3)的结构特点设计有效不等式。

在经典的实数变量二次规划情形中,关于 X_{ii} 和 x_i 之间的有效不等式的形式相对简单。实际上,对于实变量情形,当 $x_i \in [l_i, u_i] \subseteq \mathbf{R}$ 时,我们通常将 $X_{ii} = x_i^2$ 松弛为如下不等式:

$$X_{ii} \leqslant (l_i + u_i) x_i - l_i u_i, X_{ii} \geqslant x_i^2 \tag{6.4}$$

然而,对于复变量问题情形,在模与辐角约束下,问题结构特点发生了很大的变化。为了处理复变量问题情形,最简单的方式就是将其转化为实数变量形式。实际上,对于复变量问题,约束条件 $X_{ii} = x_i x_i^{\mathrm{H}}$ 中包含三个自由实数变量,即实数变量 X_{ii}、变量 x_i 的实部 $\mathrm{Re}(x_i)$ 和虚部 $\mathrm{Im}(x_i)$。我们将 $\mathrm{Re}(x_i)$ 和 $\mathrm{Im}(x_i)$ 看作两个独立的实数变量,可将约束条件 $X_{ii} = x_i x_i^{\mathrm{H}}$ 转化为如下等式约束:

$$X_{ii} = \mathrm{Re}^2(x_i) + \mathrm{Im}^2(x_i) \tag{6.5}$$

在此基础上,可采用实变量二次规划相关方法对约束(6.5)进行凸松弛。进一步,我们考虑分支策略。采用上述实部、虚部独立表示后,一类典型的分支策略就是选择 $\mathrm{Re}(x_i)$ 和 $\mathrm{Im}(x_i)$ 作为分支变量。为此,我们需要确定变量 $\mathrm{Re}(x_i)$ 和 $\mathrm{Im}(x_i)$ 的初始上下界,得到初始可行范围:

$$l_i^{\mathrm{Re}} \leqslant \mathrm{Re}(x_i) \leqslant u_i^{\mathrm{Re}}, l_i^{\mathrm{Im}} \leqslant \mathrm{Im}(x_i) \leqslant u_i^{\mathrm{Im}} \tag{6.6}$$

由此构造复平面矩形区域:

$$\{ x_i \in \mathbb{C} \mid l_i^{\mathrm{Re}} \leqslant \mathrm{Re}(x_i) \leqslant u_i^{\mathrm{Re}}, l_i^{\mathrm{Im}} \leqslant \mathrm{Im}(x_i) \leqslant u_i^{\mathrm{Im}} \} \tag{6.7}$$

但是,上述矩形区域通常产生大量冗余。例如,我们考虑如下环形区域:

$$x_i \in \{ x_i \mid 1 \leqslant |x_i| \leqslant 2 \} \tag{6.8}$$

我们构造包含该环形区域的矩形区域:

$$\{ x_i \in \mathbb{C} \mid -2 \leqslant \mathrm{Re}(x_i) \leqslant 2, -2 \leqslant \mathrm{Im}(x_i) \leqslant 2 \} \tag{6.9}$$

显然,与环形区域相比,矩形区域引入了大量不必要的松弛区域。由此可见,若直接将复变量问题看作实变量问题进行处理,将导致分支变量可行范围产生冗余。实际上,虽然变量 x_i 的实部和虚部可看作两个自由实数变量,但是,在复变量问题所特有的模约束和辐角约束下,二者之间又具有很强的关联性。在约束条件

$$l_i \leqslant |x_i| \leqslant u_i, \arg x_i \in A_i \tag{6.10}$$

下,变量 x_i 在复平面上对应的可行域往往构成环形、扇形、多边形等特殊形状。充分利用上述形状的结构特点,有望实现更高的算法效率。

为了充分利用复变量问题的可行域结构特点,我们将问题复变量表示为极坐标形式,即将 x_i 表示为 $x_i = r_i \mathrm{e}^{i\theta_i}$,其中 r_i 和 θ_i 分别对应 x_i 的模与辐

角。在极坐标 $x_i = r_i e^{i\theta_i}$ 表示下,约束条件 $l_i \leqslant |x_i| \leqslant u_i$ 及 $\arg x_i \in A_i$ 可表示为 $l_i \leqslant r_i \leqslant u_i$ 和 $\theta_i \in A_i$。显然,若选择极坐标变量作为分支变量,则区间 $[l_i, u_i]$ 和 A_i 可直接作为分支变量的初始取值范围,不会产生冗余。

另外,通过引入变量极坐标表示形式,也有利于充分利用问题可行域的几何结构挖掘有效不等式。为此,我们考虑如下形式的复变量集合:

$$\{x_i \in \mathbb{C} \mid x_i = r_i e^{i\theta_i}, \theta_i \in A_i\} \tag{6.11}$$

记该集合的凸包为 $F^{A_i}(r_i)$。对于常见的情形,$F^{A_i}(r_i)$ 通常具有显式表达式,我们分类讨论具体的显示表达式。若辐角 θ_i 的取值范围 A_i 由有限个点定义,则 $F^{A_i}(r_i)$ 构成复平面上的多边形,可采用有限个线性不等式表示。当 $A_i = [\tau_i, \mu_i]$ 为连续区间,假设 $\mu_i - \tau_i \leqslant 2\pi$,则 $F^{A_i}(r_i)$ 为复平面上以原点为中心,以 r_i 为半径,且辐角范围在 $[\tau_i, \mu_i]$ 的圆弧所张成的凸包,特别地,当 $A_i = [0, 2\pi]$,则 $F^{A_i}(r_i)$ 可表示为 $\{x_i \in \mathbb{C} \mid |x_i| \leqslant r_i\}$。上述几类约束情形在实际问题中非常具有普遍性,且 $F^{A_i}(r_i)$ 均具有显式表达式。因此,可将非凸约束 $x_i = r_i e^{i\theta_i}$ 松弛为凸约束 $x_i \in F^{A_i}(r_i)$。为了对集合 $F^{A_i}(r_i)$ 的图形进行直观展示,我们在图 6.1 的左侧两幅子图中分别给出了 $A_i = [\tau_i, \mu_i], \mu_i - \tau_i < \pi$ 及 $A_i = \{k\pi/3 \mid k = 1, 2, \cdots, 6\}$ 两类情形的凸集合 $F^{A_i}(r_i)$ 的具体形状。这些形状的边界均可由线性不等式约束或形如 $|x_i| \leqslant r_i$ 的二阶锥约束解析表示。

上述推导过程得到了非线性约束 $x_i = r_i e^{i\theta_i}$ 的有效线性不等式,进一步,根据约束条件 $X_{ii} = x_i x_i^{\mathrm{H}}$,我们挖掘关于非线性约束 $X_{ii} = r_i^2$ 的有效不等式。该约束条件是二次等式约束条件。在约束条件 $r_i \in B_i = [l_i, u_i]$ 下,集合

$$\{(X_{ii}, r_i) \mid X_{ii} = r_i^2, r_i \in B_i\} \tag{6.12}$$

的凸包(记为 G^{B_i})具有如下形式:

$$G^{B_i} = \{(X_{ii}, r_i) \mid X_{ii} \geqslant r_i^2, X_{ii} - (l_i + u_i)r_i + l_i u_i \leqslant 0\} \tag{6.13}$$

其结构如图 6.1 中最右侧子图所示。

利用上述两类凸松弛策略,我们在半正定松弛问题(6.2)基础上加入有效不等式,由此得到如下形式的半正定松弛问题:

$$\min \frac{1}{2} Q \cdot X + \mathrm{Re}(c^{\mathrm{H}} x)$$

$$\begin{aligned}
\text{s. t.} \quad & l_i \leqslant r_i \leqslant u_i, i = 1, 2, \cdots, n \\
& x_i \in F^{A_i}(r_i), i = 1, 2, \cdots, n \\
& (X_{ii}, r_i) \in G^{B_i}, i = 1, 2, \cdots, n \\
& X \geqslant x x^{\mathrm{H}}
\end{aligned} \tag{6.14}$$

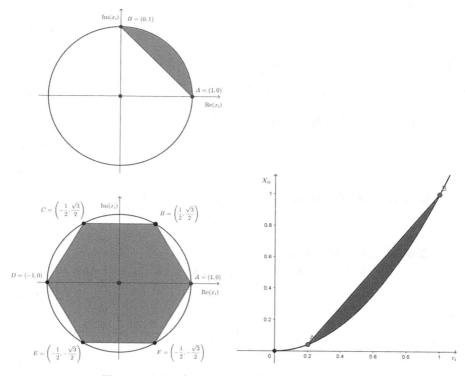

图 6.1　凸包 $F^{A_i}(r_i)$ 和凸包 G^{B_i} 的几何结构示意图

松弛问题(6.14)的具体定义依赖于集合 $D = A_1 \times A_2 \times \cdots \times A_n \times B_1 \times B_2 \times \cdots \times B_n \subseteq \mathbf{R}^{2n}$，简便起见，我们采用 PCSDP($D$) 表示基于集合 D 而定义的问题(6.14)。接下来，我们对半正定松弛问题 PCSDP(D) 的松弛效果进行理论分析。我们给出如下两条引理。

引理 6.1　对于集合 $A_i = [\tau_i, \mu_i]$，假设 $\mu_i - \tau_i < \pi$，若 $(x_i, r_i) \in F^{A_i}(r_i)$，则

$$|x_i| \geqslant r_i \cos \frac{\mu_i - \tau_i}{2} \tag{6.15}$$

证明：若 $r_i = 0$，则定理显然成立。因此，假定 $r_i > 0$。若 $(x_i, r_i) \in F^{A_i}(r_i)$，则该点满足约束条件

$$a_i \mathrm{Re}(x_i) + b_i \mathrm{Im}(x_i) \geqslant r_i(a_i^2 + b_i^2) \tag{6.16}$$

其中

$$a_i = \frac{\cos\mu_i + \cos\tau_i}{2}, b_i = \frac{\sin\mu_i + \sin\tau_i}{2} \tag{6.17}$$

显然，在约束条件(6.16)下，优化问题

$$\min |x_i|$$
$$\text{s. t. } a_i \mathrm{Re}(x_i) + b_i \mathrm{Im}(x_i) \geqslant r_i(a_i^2 + b_i^2) \tag{6.18}$$

的最优解为

$$\hat{x}_i = r_i \frac{\cos\mu_i + \cos\tau_i}{2} + \mathbf{i}r_i \frac{\sin\mu_i + \sin\tau_i}{2} \tag{6.19}$$

其到复平面原点的距离为

$$|\hat{x}_i| = r_i \sqrt{\frac{1 + \cos(\mu_i - \tau_i)}{2}} = r_i \cos\frac{\mu_i - \tau_i}{2} \tag{6.20}$$

因此,当$(x_i, r_i) \in G^{A_i}$,可得到如下不等式:

$$|x_i| \geqslant |\hat{x}_i| = r_i \cos\frac{\mu_i - \tau_i}{2} \tag{6.21}$$

引理 6.2　对于集合$B_i = [l_i, u_i]$,若$(X_{ii}, r_i) \in G^{B_i}$,则

$$X_{ii} - r_i^2 \leqslant \frac{(u_i - l_i)^2}{4} \tag{6.22}$$

证明:根据G^{B_i}的定义,若

$$(X_{ii}, r_i) \in G^{B_i} = \{(X_{ii}, r_i) \mid X_{ii} \geqslant r_i^2, X_{ii} - (l_i + u_i)r_i + l_i u_i \leqslant 0\} \tag{6.23}$$

则

$$X_{ii} - r_i^2 \leqslant (l_i + u_i)r_i - l_i u_i - r_i^2 = \frac{(u_i - l_i)^2}{4} - \left(r - \frac{l_i + u_i}{2}\right)^2 \leqslant \frac{(u_i - l_i)^2}{4} \tag{6.24}$$

定理得证。

　　上述两条引理对松弛问题 PCSDP(D)的松弛间隙进行估计。其中,引理 6.1 告诉我们,若区间$A_i = [\tau_i, \mu_i]$的宽度$w(A_i) = \mu_i - \tau_i$接近零,则 $\cos[(\mu_i - \tau_i)/2]$将接近 1,$|x_i|$也将越接近r_i。另外,引理 6.2 告诉我们,若区间$B_i = [l_i, u_i]$的宽度$w(B_i) = u_i - l_i$接近零,则在约束条件$X_{ii} \geqslant r_i^2$和$X_{ii} - (l_i + u_i)r_i + l_i u_i \leqslant 0$下,$X_{ii}$将接近$r_i^2$。基于上述观察,我们可以设计一类有效的分支定界算法,对r_i和θ_i的取值范围进行划分,使得X_{ii}逐渐趋近于$x_i x_i^{\mathrm{H}}$,从而最终使得X逐渐趋于xx^{H},并得到问题的全局最优解。

6.2　极坐标分支定界算法

　　上一节我们对问题(CQP)引入极坐标变量,并由此设计改进的半正定松弛问题 PCSDP(D)。在 PCSDP(D)中,我们引入了约束$(x_i, r_i) \in F^{A_i}(r_i)$和$(X_{ii}, r_i) \in G^{B_i}$,而根据引理 6.1 和引理 6.2 可知,当集合A_i和B_i的宽度

越小,X_{ii} 和 $|x_i|^2$ 之间的差异也越小,因此,选取 r_i 和 θ_i 作为分支变量,对集合 A_i 和 B_i 进行划分,可有效减少松弛间隙。基于上述思想,我们将在松弛问题 PCSDP(D) 的基础上进一步设计分支定界算法。为此,我们先给出如下定理。

定理 6.1　对于问题(CQP)及其松弛问题 PCSDP(D),令 $(\bar{x},\bar{X},\bar{r})$ 为 PCSDP(D)的最优解。若 $(\bar{x},\bar{X},\bar{r})$ 满足

$$|\bar{x}_i| = \bar{r}_i, \bar{X}_{ii} = \bar{r}_i^2, \forall i = 1,2,\cdots,n \tag{6.25}$$

则 $\bar{x}$ 一定为(CQP)的全局最优解。

证明:在条件(6.25)下,可推出

$$\bar{X}_{ii} = \bar{r}_i^2 = \bar{x}_i \bar{x}_i^H, \forall i = 1,2,\cdots,n \tag{6.26}$$

此时,$\bar{X} - \bar{x}\bar{x}^H$ 为对角项均等于零的半正定矩阵,从而有 $\bar{X} = \bar{x}\bar{x}^H$,即 $(\bar{x},\bar{X},\bar{r})$ 为松弛问题 PCSDP(D)的秩一解,因此 $\bar{x}$ 一定为问题(CQP)的全局最优解。

定理 6.1 说明,对于松弛问题 PCSDP(D)的最优解 $(\bar{x},\bar{X},\bar{r})$,若条件(6.25)成立,则 $\bar{x}$ 一定为原问题的全局最优解。反之,若松弛问题 PCSDP(D)的松弛间隙不为零,则一定存在 $i \in \{1,2,\cdots,n\}$,使得 $|\bar{x}_i| < \bar{r}_i$ 或 $\bar{X}_{ii} > \bar{r}_i^2$。由此可见,为了降低问题 PCSDP($D$)的松弛间隙,我们可选择 θ_i 和 r_i 作为分支变量,对其范围 A_i 和 B_i 进行划分。基于上述思想,我们设计完整的分支定界算法。

首先,我们给出上界策略。对于问题 PCSDP(D)的最优解 $(\bar{x},\bar{X},\bar{r})$,我们采用 $\hat{x} = R(\bar{x},\bar{r})$ 表示由 $(\bar{x},\bar{X},\bar{r})$ 经过扰动而得到的(CQP)问题的可行解,其中映射关系 $R(\cdot,\cdot)$ 定义如下:

$$R(\cdot,\cdot):(\bar{x},\bar{r}) \to \hat{x}, \hat{x}_i = \bar{r}_i \frac{\bar{x}_i}{|\bar{x}|_i}, i = 1,2,\cdots,n \tag{6.27}$$

可行解 $\hat{x}$ 对应的目标值即可作为问题(CQP)最优值的上界。

进一步,我们设计分支策略。对于问题(6.14)得到最优解 $(\bar{x},\bar{X},\bar{r})$,我们首先计算扰动解 $\hat{x} = R(\bar{x},\bar{r})$,对各项 $i = 1,2,\cdots,n$,计算差值 $|\hat{x}_i - \bar{x}_i|$ 和 $\bar{X}_{ii} - \bar{r}_i^2$,并根据差值信息选取分支变量。具体来说,令

$$i^* = \arg\max_i\{|\hat{x}_i - \bar{x}_i|\}, S_1^* = \max_i\{|\hat{x}_i - \bar{x}_i|\}$$
$$i^\# = \arg\max_i\{\bar{X}_{ii} - \bar{r}_i^2\}, S_2^* = \max_i\{\bar{X}_{ii} - \bar{r}_i^2\} \tag{6.28}$$

我们设计分支变量选取规则如下:

1)若 $S_1^* \geqslant S_2^*$,则选择 θ_{i^*} 作为分支变量,对集合 A_{i^*} 进行划分;若 A_{i^*} 为区间,则将其等分为两个子区间。若 A_{i^*} 为离散点集,则我们选择 A_{i^*} 的中位数 M^*,将集合划分为 $\{\theta_i | \theta_i \leqslant M^*\} \cap A_{i^*}$ 和 $\{\theta_i | \theta_i > M^*\} \cap A_{i^*}$。

2)若 $S_1^* < S_2^*$,则选择 $r_{i^\#}$ 作为分支变量,将区间 $B_{i^\#}$ 等分为两个子区间。

由此,我们可设计完整的分支定界算法。由于该方法利用了变量极坐标表示,我们将该算法称为极坐标分支定界算法,并简记为 PC-BB 算法。我们在图 6.2 中以伪代码的形式给出 PC-BB 算法的完整步骤。

输入 问题(CQP)实例,误差界限 $\varepsilon > 0$,初始可行域 $D^0 = \prod_{i=1}^n A_i \times \prod_{i=1}^n [l_i, u_i]$.

1: 求解PCSDP(D^0),得到最优解(x^0, X^0, r^0)和最优值L^0,计算扰动解$\hat{x}^0 = R(x^0, r^0)$.

2: 令$U^* = F(\hat{x}^0)$, $x^* = \hat{x}^0$, $k = 0$.

3: 构造活跃节点集合$\mathcal{P}$,将节点$\{D^0, x^0, X^0, r^0, \hat{x}^0, L^0\}$插入$\mathcal{P}$.

4: **loop**

5:     更新$k \leftarrow k+1$.

6:     从$\mathcal{P}$中选择节点$\{D^k, x^k, X^k, r^k, \hat{x}^k, L^k\}$,其中$L^k$是所有$\mathcal{P}$中所有节点的下界最小值.

7:     将被选中的问题从$\mathcal{P}$中删除.

8:     **if** $U^* - L^k \leq \varepsilon$ **then**

9:         返回x^*,算法终止.

10:     **end if**

11:     计算$i^* = \arg\max_i \{r_i^k - |\hat{x}_i^k|\}$, $S_1^* = \max_i \{r_i^k - |\hat{x}_i^k|\}$.

12:     计算$i^\# = \arg\max_i \{X_{ii}^k - [r_i^k]^2\}$, $S_2^* = \max_i \{X_{ii}^k - [r_i^k]^2\}$.

13:     采用分支规则,将D^k划分为D_-^k和D_+^k.

14:     求解PCSDP(D_-^k),得到最优解(x_-^k, X_-^k, r_-^k)和最优值L_-^k.

15:     计算扰动解$\hat{x}_-^k = R(x_-^k, r_-^k)$.

16:     **if** $U^* > F(\hat{x}_-^k)$ **then**

17:         更新$U^* = F(\hat{x}_-^k)$, $x^* = \hat{x}_-^k$.

18:     **end if**

19:     **if** $L_-^k < U^*$ **then**

20:         将节点$\{D_-^k, x_-^k, X_-^k, r_-^k, \hat{x}_-^k, L_-^k\}$插入$\mathcal{P}$.

21:     **end if**

22:     求解PCSDP(D_+^k),得到最优解(x_+^k, X_+^k, r_+^k)和最优值L_+^k.

23:     计算扰动解$\hat{x}_+^k = R(x_+^k, r_+^k)$.

24:     **if** $U^* > F(\hat{x}_+^k)$ **then**

25:         更新$U^* = F(\hat{x}_+^k)$, $x^* = \hat{x}_+^k$.

26:     **end if**

27:     **if** $L_+^k < U^*$ **then**

28:         将节点$\{D_+^k, x_+^k, X_+^k, r_+^k, \hat{x}_+^k, L_+^k\}$插入$\mathcal{P}$.

29:     **end if**

30: **end loop**

图 6.2   PC-BB 算法伪代码

6.3 PC-BB 算法收敛性分析

接下来,我们对 PC-BB 算法的收敛性进行理论分析。首先,对于问题 (CQP) 目标函数 $F(x)$,我们考虑有界闭集合:

$$H = \{x \mid |x_i| \leqslant u_i, i = 1, 2, \cdots, n\} \tag{6.29}$$

由于目标函数 $F(x)$ 是二次函数,在有界闭集 H 上一致连续,因此,存在正常数 $M_F > 0$,使得如下不等式成立:

$$|F(x) - F(\tilde{x})| \leqslant M_F \|x - \tilde{x}\|, \forall x, \tilde{x} \in H \tag{6.30}$$

其中,常数 M_F 仅与问题参数 Q, c, u 有关。记

$$u_{\max} = \max\{u_1, u_2, \cdots, u_n\} \tag{6.31}$$

关于松弛问题 (6.14) 的最优解 $(\bar{x}, X, \bar{r})$,以及扰动可行解 $\hat{x} = R(\bar{x}, \bar{r})$,我们给出如下引理。

引理 6.3 对于问题 (CQP),令

$$M_1 = \sqrt{n} M_F + \|Q\| \cdot u_{\max} \cdot n^{\frac{3}{2}}, M_2 = \frac{1}{2} \|Q\| \cdot n^{\frac{3}{2}} \tag{6.32}$$

其中,M_F 为式 (6.30) 中定义的常数。对于松弛问题 (6.14),记 $(\bar{x}, \bar{X}, r)$ 为 (6.14) 的最优解,$\hat{x} = R(\bar{x}, r)$ 为扰动后得到的可行解,令 $i^*, S_1^*, i^{\#}, S_2^*$ 由式 (6.28) 所定义,则

$$\left| F(\hat{x}) - \frac{1}{2} Q \cdot \bar{X} - \mathrm{Re}(c^H \bar{x}) \right| \leqslant M_1 S_1^* + M_2 S_2^* \tag{6.33}$$

证明: 将不等式 (6.33) 左侧进行放缩,得到

$$\left| F(\hat{x}) - \frac{1}{2} Q \cdot \bar{X} - \mathrm{Re}(c^H \bar{x}) \right|$$

$$\leqslant |F(\hat{x}) - F(\bar{x})| + \left| F(\bar{x}) - \frac{1}{2} Q \cdot \bar{X} - \mathrm{Re}(c^H \bar{x}) \right| \tag{6.34}$$

$$= |F(\hat{x}) - F(\bar{x})| + \frac{1}{2} |Q \cdot (\bar{X} - \overline{x x^H})|$$

对于上式中的分解项 $|F(\hat{x}) - F(\bar{x})|$ 和 $|Q \cdot (\bar{X} - \overline{x x^H})|$,我们分别进行上界估计。首先,对于分解项 $|F(\hat{x}) - F(\bar{x})|$,利用不等式 (6.30),得到

$$|F(\hat{x}) - F(\bar{x})| \leqslant M_F \|\hat{x} - \bar{x}\| \tag{6.35}$$

进一步,利用范数不等式,可进一步得到

$$\|\hat{x} - \bar{x}\| = \sqrt{\sum_{i=1}^{n} (\hat{x}_i - \bar{x}_i)^2} \leqslant \sqrt{n} \|\hat{x} - \bar{x}\|_{\infty} = \sqrt{n} (|\hat{x}_{i^*} - \bar{x}_{i^*}|) = \sqrt{n} S_1^* \tag{6.36}$$

基于式(6.35)和式(6.36),可导出如下不等式:

$$|F(\hat{x}) - F(\overline{x})| \leqslant \sqrt{n} M_F S_1^* \tag{6.37}$$

对于分解项 $|Q \cdot (\overline{X} - \overline{x}\overline{x}^H)|$,基于矩阵范数性质,可得

$$|Q \cdot (\overline{X} - \overline{x}\overline{x}^H)| \leqslant \|Q\| \cdot \|\overline{X} - \overline{x}\overline{x}^H\| \tag{6.38}$$

另外,由于

$$\|\overline{X} - \overline{x}\overline{x}^H\| = \sqrt{\mathrm{trace}[(\overline{X} - \overline{x}\overline{x}^H)^2]} = \sqrt{\sum_{i=1}^n \lambda_i^2} \leqslant \sqrt{n}\lambda_{\max} \tag{6.39}$$

其中,$\lambda_1, \lambda_2, \cdots, \lambda_n \geqslant 0$ 表示半正定矩阵 $\overline{X} - \overline{x}\overline{x}^H$ 的 n 个特征值,$\lambda_{\max}$ 表示其中最大的特征值。由于 $\overline{X} - \overline{x}\overline{x}^H$ 的特征值均非负,可得到

$$\lambda_{\max} \leqslant \sum_{i=1}^n \lambda_i = \mathrm{trace}(\overline{X} - \overline{x}\overline{x}^H) \tag{6.40}$$

进一步,

$$\mathrm{trace}(\overline{X} - \overline{x}\overline{x}^H) = \sum_{i=1}^n (\overline{X}_{ii} - |\overline{x}_i|^2)$$

$$= \sum_{i=1}^n [(\overline{X}_{ii} - \overline{r}_i^2) + (\overline{r}_i + |\overline{x}_i|)(\overline{r}_i - |\overline{x}_i|)] \tag{6.41}$$

$$\leqslant n[(\overline{X}_{i^\#, i^\#} - \overline{r}_{i^\#}^2) + 2u_{\max}|\hat{x}_{i^*} - \overline{x}_{i^*}|]$$

$$\leqslant n[S_2^* + 2u_{\max}S_1^*]$$

其中最后两个不等式可根据 $i^*, S_1^*, i^\#, S_2^*$ 的定义直接得到,并利用了如下不等式:

$$\overline{r}_i - |\overline{x}_i| \leqslant |\hat{x}_{i^*} - \overline{x}_{i^*}| \tag{6.42}$$

因此,根据式(6.39)~式(6.41),可推出

$$\left|\frac{1}{2}Q \cdot (\overline{X} - \overline{x}\overline{x}^H)\right| \leqslant \frac{1}{2}\|Q\| \cdot n^{\frac{3}{2}}[S_2^* + 2u_{\max}S_1^*] \tag{6.43}$$

结合式(6.32)、式(6.37)和式(6.43),可最终证明式(6.33)成立,引理得证。∎

进一步,基于引理6.3,我们对 PC-BB 算法的收敛性质进行分析。简单起见,我们采用如下符号:令 $\{D^k, x^k, X^k, r^k, \hat{x}^k, L^k\}$ 表示 PC-BB 算法第 6 行选中的分支节点,其中 $\hat{x}^k = R(x^k, r^k)$,在本节剩下的部分,我们约定参数 $i^*, S_1^*, i^\#, S_2^*$ 表示 PC-BB 算法在第 k 轮循环第 11、12 行所得到的特定参数,即令

$$i^* = \mathrm{argmax}_i\{\overline{r}_i^k - |\overline{x}_i^k|\}, S_1^* = \max_i\{\overline{r}_i^k - |\overline{x}_i^k|\}$$
$$i^\# = \mathrm{argmax}_i\{\overline{X}_{ii}^k - (\overline{r}_i^k)^2\}, S_2^* = \max_i\{\overline{X}_{ii}^k - (\overline{r}_i^k)^2\} \tag{6.44}$$

上述定义依赖于迭代数 k。我们以 V^* 表示(CQP)的最优值。

在 PC-BB 算法第 k 轮循环过程中，由于算法第 6 行选取的节点是当前所有活跃节点中下界最小的一个，因此，必有 $L^k \leqslant V^*$。另外，经过扰动后得到的解 $\hat{x}^k$ 一定是问题（CQP）的可行解，因此必有 $F(\hat{x}^k) \geqslant V^*$。由此可见，在每一轮迭代过程中，不等式 $L^k \leqslant V^* \leqslant F(\hat{x}^k)$ 一定成立。当算法在第 k 轮循环过程中第 8 行的收敛性条件 $F(\hat{x}^k) - L^k \leqslant \varepsilon$ 成立时，必有 $F(\hat{x}^k) \geqslant U^* = F(x^*)$，此时算法将终止，并成功返回问题的 ε-最优解 x^*。基于上述观察，我们给出算法收敛性充分条件。

引理 6.4 对于问题（CQP），定义常数

$$\delta_1 = \left[\frac{8\varepsilon}{u_{\max}(M_1 + M_2)} \right]^{\frac{1}{2}}$$

$$\delta_2 = \left(\frac{4\varepsilon}{M_1 + M_2} \right)^{\frac{1}{2}} \tag{6.45}$$

在 PC-BB 算法第 k 轮循环中，若下列三个条件之一成立：

(C1)$S_1^* \geqslant S_2^*$，$A_i^{k*} = [\tau_i^{k*}, \mu_i^{k*}]$，且 $\mu_i^{k*} - \tau_i^{k*} \leqslant \delta_1$。

(C2)$S_1^* \geqslant S_2^*$，A_i^{k*} 仅包含一个元素。

(C3)$S_1^* < S_2^*$，$B_i^{k*} = [l_{i^{\#}}^k, u_{i^{\#}}^k]$，且 $u_{i^{\#}}^k - l_{i^{\#}}^k \leqslant \delta_2$。

则算法在本轮迭代终止，并返回（CQP）的 ε-最优解。

证明：根据等式

$$F(\hat{x}^k) - L^k = F(\hat{x}^k) - \frac{1}{2} Q \cdot X^k - \mathrm{Re}(c^{\mathrm{H}} x^k) \tag{6.46}$$

以及引理 6.3，可知 $F(\hat{x}^k) - L^k \leqslant M_1 S_1^* + M_2 S_2^*$ 成立。若条件（C1）成立，则

$$F(\hat{x}^k) - L^k \leqslant (M_1 + M_2) S_1^* \tag{6.47}$$

进一步，根据引理 6.1，可得

$$S_1^* \leqslant r_{i_1}^{k*} \left(1 - \cos \frac{\mu_{i_1}^{k*} - \tau_{i_1}^{k*}}{2} \right) \leqslant u_{\max} \left(1 - \cos \frac{\mu_{i_1}^{k*} - \tau_{i_1}^{k*}}{2} \right) \tag{6.48}$$

此外，由于对任意 $\varphi \in \mathbf{R}$，不等式 $1 - \cos\varphi \leqslant \frac{\varphi^2}{2}$ 成立，因此可进一步推出

$$S_1^* \leqslant u_{\max} \frac{(\mu_{i_1}^{k*} - \tau_{i_1}^{k*})^2}{8} \leqslant \frac{u_{\max}\delta_1^2}{8} \tag{6.49}$$

根据上述不等式，可得 $F(\hat{x}^k) - L^k \leqslant \varepsilon$，算法在本轮循环终止。

另外，若条件（C2）成立，则容易验证 $S_1^* = S_2^* = 0$，此时必有

$$F(\hat{x}^k) - L^k = 0 \tag{6.50}$$

因此算法必然在本轮循环终止。

最后，若条件（C3）成立，则

$$F(\hat{x}^k) - L^k \leqslant (M_1 + M_2) S_2^* \tag{6.51}$$

根据引理 6.2，可得

$$S_2^* \leqslant \frac{(u_{i_1}^{k*} - l_{i_1}^{k*})^2}{4} \leqslant \frac{\delta_2^2}{4} \tag{6.52}$$

进一步，根据上述不等式，可得到 $F(\hat{x}^k) - L^k \leqslant \varepsilon$，因此算法在本轮循环终止。

综上所述，当(C1)～(C3)条件之一得到满足时，算法终止。

在上述引理基础上，我们可以最终给出 PC-BB 算法的收敛性证明。

定理 6.2 对于问题(CQP)，以及给定的误差界 $\varepsilon > 0$，PC-BB 算法一定在有限步迭代后终止，并返回问题的 ε-最优解。

证明：令 δ_1, δ_2 如式(6.45)所定义。对于 PC-BB 算法，假设其在第 k 轮迭代过程未收敛，我们分别考虑 $S_1^* \geqslant S_2^*$ 和 $S_1^* < S_2^*$ 两种情形。

情形一：$S_1^* \geqslant S_2^*$。在该情形下，若 $A_i^k = [\tau_i^{k*}, \mu_i^{k*}]$ 为区间，则必有

$$\mu_i^{k*} - \tau_i^{k*} > \delta_1 \tag{6.53}$$

否则，根据引理 6.4 条件(C1)，算法在第 k 轮迭代过程必收敛，由此产生矛盾。在此情形下，区间 $[\tau_i^{k*}, \mu_i^{k*}]$ 被等分成两个子区间，且每个子区间长度大于 $\delta_1/2$。另外，若 A_i^k 为离散点集，则 A_i^k 中元素个数至少为两个，否则根据引理 6.4 条件(C2)，将导致矛盾。在此情形下，A_i^k 将被划分为两个子集合，且每个子集合至少包含一个元素。

情形二：$S_1^* < S_2^*$，可采用类似情形一的分析过程证明，必有

$$u_i^{k\#} - l_i^{k\#} > \delta_2 \tag{6.54}$$

区间 $[l_i^{k\#}, u_i^{k\#}]$ 将被等分成两个子区间，且每个子区间长度大于 $\delta_2/2$。

对于分支定界算法，记初始分支区域为

$$D^0 = \prod_{i=1}^n A_i^0 \times \prod_{i=1}^n B_i^0 \tag{6.55}$$

由于在分支定界过程中每个区间均按照等分的方式进行划分。在第 k 轮迭代中，记集合

$$D^k = \prod_{i=1}^n A_i^k \times \prod_{i=1}^n B_i^k \tag{6.56}$$

若其中 A_i^k 为区间，则根据情形一相关分析可知，该区间的宽度一定满足

$$w(A_i^k) \geqslant \min\left\{\frac{\delta_1}{2}, w(A_i^0)\right\} \tag{6.57}$$

若 A_i^k 为离散点集合，则该集合的元素个数至少为一个，即

$$|A_i^k| \geqslant 1 \tag{6.58}$$

类似地,集合 B_i^k 的宽度一定满足

$$w(B_i^k) \geqslant \min\left\{\frac{\delta_2}{2}, w(B_i^0)\right\} \tag{6.59}$$

对于初始集合 D^0,我们定义如下符号:若集合 A_i^0 为区间,则定义

$$N(A_i^0) = \left\lceil \frac{2w(A_i^0)}{\delta_1} \right\rceil \tag{6.60}$$

若 A_i^0 为离散点集,则定义

$$N(A_i^0) = |A_i^0| \tag{6.61}$$

对于集合 B_i^0,定义

$$N(B_i^0) = \left\lceil \frac{2w(B_i^0)}{\delta_2} \right\rceil \tag{6.62}$$

容易证明,PC-BB 算法最多不超过

$$N^* = \prod_{i=1}^{n} N(A_i^0) \times \prod_{i=1}^{n} N(B_i^0) \tag{6.63}$$

轮循环后一定终止,并成功返回问题的 ε-最优解,否则,必然存在 $k < N^*$,使得在第 k 轮循环中,式(6.57)、式(6.58)或式(6.59)之一未满足,由此产生矛盾。

定理 6.2 最终证明了 PC-BB 算法一定可以在有限次迭代后收敛。

6.4　数　值　实　验

本节将生成随机测试算例对 PC-BB 算法的计算效率进行评估。由于 PC-BB 算法最本质的特点在于如下两方面:对变量引入极坐标表示形式,并由此设计改进的半正定松弛方法;选择极坐标变量作为分支变量。为了验证上述算法实现策略带来的效率优势,我们对比 PC-BB 算法和第 4 章提出的 SPS 算法的计算效率。其中,SPS 算法选择标准正交基方向作为分支方向,具体实现策略与第 4 章描述一致。在实验中,我们采用 MATLAB 实现所有算法程序,并采用 SeDuMi 软件求解所有的半正定松弛问题。

6.4.1　圆形可行域情形

首先,我们生成单变量可行区域为圆形的测试算例。算例生成过程如下:目标函数中的矩阵 Q 以及向量 c 各项的实部和虚部均服从区间$[-1,1]$上的均匀分布。对于任意 $i=1,2,\cdots,n$,令 $l_i=0, u_i=1, A_i=[0,2\pi]$,由此

最终生成如下形式的问题测试算例:

$$\min \frac{1}{2}x^H Q x + \mathrm{Re}(c^H x)$$

$$\text{s. t. } |x_i| \leqslant 1, i = 1, 2, \cdots, n$$

(6.64)

此外,为了对比 PC-BB 算法和 SPS 算法的效率,我们将问题(6.64)转化为实变量二次规划形式。令

$$\hat{Q} = T(Q) = \begin{bmatrix} \mathrm{Re}(Q) & -\mathrm{Im}(Q) \\ \mathrm{Im}(Q) & \mathrm{Re}(Q) \end{bmatrix}$$

$$\hat{c} = T(c) = \begin{bmatrix} \mathrm{Re}(c) \\ \mathrm{Im}(c) \end{bmatrix}$$

$$y = T(x) = \begin{bmatrix} \mathrm{Re}(x) \\ \mathrm{Im}(x) \end{bmatrix}$$

(6.65)

则(CQP)可转化为如下形式的实变量二次规划问题:

$$\min \frac{1}{2}y^T \hat{Q} y + \hat{c}^T y$$

$$\text{s. t. } y_i^2 + y_{i+n}^2 \leqslant 1, i = 1, 2, \cdots, n$$

(6.66)

在此基础上,我们可采用 SPS 算法对转化后的问题进行求解。

我们按照上述步骤生成 30 个算例,其维数范围为 $n \in \{10, 15, 20\}$,并分别采用 PC-BB 算法和 SPS 算法对所有算例进行求解,相对误差范围设置为 $\varepsilon = 10^{-4}$。实验结果如表 6.1 所示。

表 6.1　圆形可行区域算例实验结果

测试样例		PC-BB		SPS	
编号	维数	迭代次数	计算时间	迭代次数	计算时间
1	10	1	0.1	1	0.1
2	10	1	0.1	1	0.1
3	10	44	6.1	162	27.2
4	10	7	0.9	17	2.4
5	10	6	0.8	18	3.0
6	10	1	0.1	1	0.1
7	10	1	0.1	1	0.1
8	10	1	0.1	1	0.1
9	10	14	1.9	44	7.1

续表

测试样例		PC-BB		SPS	
编号	维数	迭代次数	计算时间	迭代次数	计算时间
10	10	40	5.7	145	25.2
11	15	490	87.8	2386	541.8
12	15	7	1.1	17	3.0
13	15	20	3.3	48	9.4
14	15	31	5.3	130	25.3
15	15	18	3.0	64	13.0
16	15	58	9.9	248	54.4
17	15	34	5.7	112	22.3
18	15	9	1.4	27	5.2
19	15	23	3.8	56	10.7
20	15	67	11.1	330	67.4
21	20	17	4.2	63	20.2
22	20	6	1.4	57	18.9
23	20	63	14.8	684	240.8
24	20	1926	502.2	—	—
25	20	693	187.0	9668	4978.9
26	20	1656	449.1	5436	1645.6
27	20	334	100.4	—	—
28	20	1	0.2	1	0.2
29	20	266	78.9	1704	814.4
30	20	373	109.4	1740	906.1

注:符号"—"表示算法无法在 1 万次迭代内收敛。

观察表 6.1,我们得到如下结论:针对(CQP)问题测试算例,PC-BB 算法比 SPS 算法效率高很多。一方面,PC-BB 算法在大部分测试算例上实现了更少的迭代次数和更短的计算时间。另一方面,在最坏问题情形中,针对 30 个测试算例,PC-BB 算法的最坏情形枚举次数为 1926 次,最长计算时间为 502.2 秒。相比之下,SPS 算法最坏情形枚举次数超过了 1 万次,无法在可接受的计算时间内成功返回问题最优解。由此可见,针对该组测试算例,与 SPS 算法相比,PC-BB 算法在计算效率方面的优势非常明显。

除表格列出的实验结果外,我们也采用 BARON 软件对这 30 个算例进行了测试。然而,对于维数大于 15 维的所有算例,BARON 均无法在一个小时内收敛。由此可见,基于线性松弛的分支定界算法并不适用于求解该类问题。

6.4.2 环形可行域问题情形

进一步,考虑单变量可行区域为环形区域的算例。算例生成过程如下:目标函数中的矩阵 Q 以及向量 c 各项的实部和虚部分别在区间 $[-1,1]$ 上按照均匀分布的方式随机产生,约束条件中,对于所有 $i=1,2,\cdots,n$,我们令 $l_i=1,u_i=10,A_i=[0,2\pi]$,由此生成如下形式的算例:

$$\min \frac{1}{2}x^{\mathrm{H}}Qx+\mathrm{Re}(c^{\mathrm{H}}x)$$
$$\mathrm{s.t.} \ 1\leqslant|x_i|\leqslant10,i=1,2,\cdots,n \tag{6.67}$$

类似上一子节,我们可将该问题转化为如下形式的实变量二次规划问题:

$$\min \frac{1}{2}y^{\mathrm{T}}\hat{Q}y+\hat{c}^{\mathrm{T}}y$$
$$\mathrm{s.t.} \ 1\leqslant y_i^2+y_{i+n}^2\leqslant10,i=1,2,\cdots,n \tag{6.68}$$

同样,我们生成 $n\in\{10,15,20\}$ 的 30 组测试算例,并分别用 PC-BB 算法和负特征根算法对其进行求解。相对误差范围设置为 $\varepsilon=10^{-4}$。结果如表 6.2 所示。

表 6.2 环形可行区域算例实验结果

测试样例		PC-BB		SPS	
编号	维数	迭代次数	计算时间	迭代次数	计算时间
1	10	1	0.1	1	0.1
2	10	83	14.8	532	114.9
3	10	5	0.7	23	4.1
4	10	248	43.3	1757	414.3
5	10	402	72.7	3755	947.9
6	10	1	0.1	1	0.1
7	10	1	0.1	1	0.1

测试样例		PC-BB		SPS	
编号	维数	迭代次数	计算时间	迭代次数	计算时间
8	10	1	0.1	1	0.1
9	10	170	30.1	775	167.1
10	10	34	5.7	150	27.4
11	20	38	8.0	284	69.1
12	20	71	15.1	387	94.4
13	20	1	0.1	1	0.1
14	20	509	114.3	4109	1212.4
15	20	2125	476.3	—	—
16	20	586	131.9	3707	1172.9
17	20	1	0.1	1	0.1
18	20	377	86.5	2965	882.3
19	20	1	0.1	1	0.1
20	20	305	74.4	2927	929.9
21	30	2916	1074.9	—	—
22	30	1784	650.5	—	—
23	30	26	8.6	216	86.5
24	30	1145	385.8	—	—
25	30	1934	640.2	—	—
26	30	265	95.8	1882	855.4
27	30	175	61.3	1474	624.6
28	30	222	73.4	2808	1244.6
29	30	250	86.8	2220	955.2
30	30	563	198.2	4965	2424.6

注:符号"—"表示算法无法在 1 万次迭代内收敛。

通过表 6.2 中的实验结果,我们发现:针对变量可行范围具有环形结构的测试算例,PC-BB 算法与 SPS 算法相比,在计算效率方面的优势更加明显,即使对于 $n=10$ 的小规模问题,两种算法的计算效率差异也非常显著。通过表中数据可知,PC-BB 算法在 $n=10$ 的测试样例上的最大迭代次数为

402 次,最长计算时间为 73 秒,相比之下,SPS 算法针对 $n=10$ 的测试算例的最大迭代次数为 3755 次,最长计算时间为 948 秒。除 $n=10$ 的情形外,对于维数更大的问题,两种算法的差异更加显著。

关于两种算法在(CQP)问题求解效率方面的显著差异,我们给出如下直观解释:当问题各个变量的可行域为环形时,可行域非凸。例如,对 $1 \leqslant |x_i| \leqslant 10$ 的情形,$|x_i| < 1$ 对应的区域不包含在可行域内。在 SPS 算法实现过程中,我们将复变量实部、虚部作为独立变量,将问题表示为实变量二次规划问题,并在分支定界过程引入矩形区域对环形区域进行覆盖,由此造成了大量的冗余覆盖。此外,以复变量实部、虚部作为分支变量,不利于进一步挖掘新的有效不等式改进松弛效果。相比之下,PC-BB 算法引入极坐标表示,直接对极坐标变量可行域进行划分,不仅不会产生冗余覆盖区域,而且还有利于进一步挖掘有效不等式,因此实现了较高的计算效率。

6.4.3　Single-Hop 网络波束形成问题

接下来,我们采用一类信号处理领域的相关应用问题作为测试算例。该问题来源于 Single-Hop 网络中的一类波束形成问题[32],其系统描述如下:假定现有 m 个信号发射器,每个发射器配备一个单天线。此外,另有一台信号接收器,配备 n 个天线。令 $h_i \in \mathbb{C}^n$ 表示从第 i 个信号发射器与信号接收器之间信道参数向量。令 x 表示接收端的波束成形向量。系统的设计目标是使接收端的功率最大化,即使得

$$\sum_{i=1}^{m} \left| h_i^{\mathrm{H}} x \right|^2 \qquad (6.69)$$

最大化。各个接收天线的功率满足约束条件 $|x_i| \leqslant P$。问题最终建模为如下形式的复变量二次规划问题:

$$\max \ \sum_{i=1}^{m} \left| h_i^{\mathrm{H}} x \right|^2$$
$$\text{s.t.} \ \ |x_i| \leqslant P, i = 1, 2, \cdots, n \qquad (6.70)$$

针对上述问题,我们按照如下方式生成 30 组模拟数据:其中,$h_i \in \mathbb{C}^n$ 各项系数服从标准复高斯分布,各个天线功率上限设置为 $P=1$。基于上述分布,我们生成 30 组不同规模的算例,其中 $m=n \in \{10,15,20\}$。针对这些算例,我们采用本章提出的 PC-BB 算法求解其全局最优解。另外,在对比实验中,我们将上述问题转化为实变量二次规划问题,并采用 SPS 算法对其进行求解。对比结果如表 6.3 所示。

表 6.3　Single-Hop 网络波束形成算例实验结果

测试样例		PC-BB		SPS	
编号	维数	迭代次数	计算时间	迭代次数	计算时间
1	10	44	12.1	557	155.0
2	10	44	13.0	259	66.9
3	10	18	5.2	43	10.6
4	10	1	0.1	1	0.1
5	10	7	1.8	29	7.3
6	10	1	0.1	1	0.1
7	10	10	3.1	43	10.8
8	10	95	28.3	579	151.0
9	10	1	0.1	1	0.1
10	10	1	0.1	1	0.1
11	20	1	0.1	1	0.1
12	20	6	1.0	71	22.4
13	20	135	49.6	1639	559.4
14	20	1	0.1	1	0.1
15	20	1	0.1	1	0.1
16	20	6	1.1	115	33.7
17	20	1841	500.7	2889	983.2
18	20	1	0.1	1	0.1
19	20	1	0.1	1	0.1
20	20	1	0.1	1	0.1
21	30	78	50.5	495	155.0
22	30	26	15.7	571	191.1
23	30	1	0.2	1	0.1
24	30	51	31.0	1540	475.8
25	30	353	239.7	—	—
26	30	72	43.3	5839	2198.7

续表

测试样例		PC-BB		SPS	
编号	维数	迭代次数	计算时间	迭代次数	计算时间
27	30	5	2.6	29	10.9
28	30	1	0.2	1	0.2
29	30	23	12.7	575	217.0
30	30	23	13.6	2065	869.0

注:符号"—"表示算法无法在 1 万次迭代内收敛。

观察表 6.3 中的实验结果,我们得到如下结论:针对 Single-Hop 网络波束成形问题测试算例,PC-BB 算法效率远远高于 SPS 算法。对于 10 维的所有测试算例,PC-BB 算法均可在 30 秒内得到问题的最优解,相比之下,SPS 算法求解 10 维问题的最坏情形计算时间超过了 150 秒。此外,对于维数更大的测试样例,PC-BB 算法的计算效率优势更加明显。

6.4.4 与线性松弛方法的进一步对比

在前面的实验中,我们主要对 PC-BB 算法和 SPS 方向法进行了对比。在实验过程中,我们试图采用 BARON 求解上述测试算例,但是,不幸的是,BARON 软件几乎无法在 1 小时的计算时间内求解出任何一个 10 维以上的问题。因此,本节我们生成 $n=5$ 的小型测试案例,并将 PC-BB 算法与 BARON 算法对比。我们生成 15 组 $n=5$ 的测试算例,其生成过程分别按照前面描述的问题(6.64)、问题(6.67)和问题(6.70)三种问题生成过程。我们分别采用 PC-BB 算法和 BARON 软件对上述 15 个算例进行求解,实验结果如表 6.4 所示。

表 6.4 PC-BB 算法与 BARON 对比结果

算例编号	PC-BB		BARON	
	迭代次数	计算时间	迭代次数	计算时间
(6.64)-1	1	0.07	179	18.0
(6.64)-2	1	0.08	269	4.6
(6.64)-3	1	0.06	315	5.2

续表

算例编号	PC-BB		BARON	
	迭代次数	计算时间	迭代次数	计算时间
(6.64)-4	1	0.08	317	4.2
(6.64)-5	1	0.07	153	4.9
(6.67)-1	1	0.06	357	5.5
(6.67)-2	1	0.06	1667	9.9
(6.67)-3	1	0.06	1853	8.8
(6.67)-4	1	0.07	2721	18.1
(6.67)-5	1	0.08	3849	24.3
(6.70)-1	1	0.06	16753	65.6
(6.70)-2	1	0.06	6666	24.5
(6.70)-3	1	0.06	8235	45.0
(6.70)-4	1	0.05	4137	19.8
(6.70)-5	1	0.06	6804	43.6

实验结果显示,针对 $n=5$ 的小规模测试算例,PC-BB 算法通常在 1 步迭代即可得到最优解,由此说明,采用改进的半正定松弛策略后,算法往往在根节点处的松弛间隙就已经为零。另外,BARON 对于 $n=5$ 的小规模问题的计算效率已经比较慢,通常需要数秒钟到数十秒钟的计算时间。如前文所述,针对 $n \geq 10$ 的测试算例,BARON 已经很难在 1 小时的计算时间内终止。上述实验结果说明,BARON 并不适合求解(CQP)。相比之下,第 4章提出的基于半正定松弛的分支定界算法虽然可勉强求解该问题,但效率不高。而本章提出的 PC-BB 算法,对该类问题达到了比较理想的计算效率。

6.5　本章小结

本章提出了求解含有模约束和辐角约束的复变量二次规划问题的分支定界算法,即 PC-BB 算法。算法的核心思想在于:将问题复变量表示为极坐标形式,并选取极坐标变量作为分支变量。

通过引入极坐标表示,可为算法设计带来如下优势:利用复变量及其极坐标变量之间的对应关系,可得到新的有效不等式,从而得到更紧的松弛方法;以极坐标变量作为分支变量,可显著提高分支定界算法中的下界收敛效率;极坐标变量对应的分支区域不会额外引入冗余区域,相比之下,若我们选择复变量的实部和虚部作为分支变量,往往需要采用矩形区域覆盖圆形、环形等原始可行区域,造成严重的冗余。

数值实验结果显示:针对(CQP)问题,本章所提出的 PC-BB 算法效率显著高于第 4 章提出的基于半正定松弛技术的 SPS 算法,也远远高于采用线性松弛技术的全局优化软件 BARON。由此可见,本章提出的新算法对求解(CQP)问题是非常有效的。

第7章 单阶段机组组合问题的全局优化方法

前几章讨论了求解非凸二次规划问题的不同类型的分支定界算法。通过对算法进行数值实验，我们发现不同类型的算法适用于不同的二次规划问题，没有一种算法可以对所有类型问题达到理想的求解效率。由此可见，针对具体的问题类型，只有充分挖掘问题结构，选择恰当的松弛策略和分支策略，才有望达到最佳求解效率。在接下来几章，我们讨论几类具体的二次规划问题，这些问题均源于工程实际应用，且具有一定的结构特点。我们将利用问题相关结构特点设计特定的求解算法。

本章将研究一类特殊的混合整数二次规划问题模型。该模型主要源于电力系统中的单阶段机组组合问题。在机组组合问题中，系统操作人员对未来特定时间段的电力负荷进行预测，并根据预测结果确定发电机组的最优调度方案，以最低的成本使得发电量与负荷量达到实时平衡。在现代电力调度领域，一系列典型的问题可建模为整数规划问题或非凸二次规划问题，而机组组合问题是该领域最核心的问题之一。当前，在电力行业中，相关工程人员通常采用商业软件求解机组组合问题的混合整数二次规划模型。如报告[90]所指出，目前最先进的求解混合整数二次规划的相关软件已经广泛应用于电力行业，并且每年节省下来数百万美元的发电成本。然而，针对电力市场中的一些典型的问题，现有的优化软件计算效率仍然不能完全满足应用需求。我们需要对该问题进行更深入的研究，从而设计更有效的求解方法。

本章将重点讨论单阶段机组组合问题[91]，该问题在电力市场领域具有特殊的应用价值，特别是在目前电力交易市场的定价机制设计方面。目前，文献中提出的一些典型定价机制（例如，文献[92-96]所提出的机制）都是基于单阶段机组组合问题模型的最优解而设计的。我们将针对单阶段机组组合问题设计一类特殊的全局优化算法，该算法将采用凸分析中的共轭对偶理论，设计同时具有较高质量和较高计算效率的凸松弛方法。我们将证明，本章所提出的凸松弛方法比传统的连续松弛方法更紧，且求解复杂度仅为 $O(n\log n)$。另外，我们将上述凸松弛方法应用于具体的分支定界算法，同样达到了非常高的求解效率。数值实验结果表明，本章所提出的全局优化算法效率远远高于经典的商业优化软件 CPlex。

7.1 问题背景

首先对单阶段机组组合问题的混合整数二次规划模型进行介绍。现假设有 n 台发电机组,每台发电机组具有不同的最大发电容量,且在发电过程中具有不同的开机成本和边际成本。已知某给定阶段的电力负荷值为 d。在此基础上,我们对现有的发电机组进行优化调度,确定每台发电机组的发电功率,使得发电总量等于负荷量,并实现最低发电成本。

以 x_i 表示发电机组 i 的发电功率,其中 $i \in \{1, 2, \cdots, n\}$。不同发电机组的最大发电容量限制可表示为约束条件 $0 \leqslant x_i \leqslant u_i$,其中 $u_i > 0$ 表示发电机组 i 的最大发电容量。对于发电机组 i,其发电成本通常采用凸二次函数进行拟合,当该机组的发电功率为 x_i 时,其成本为 $a_i x_i^2 + b_i x_i + c_i y_i$,其中 $a_i, b_i, c_i \geqslant 0$ 为拟合参数,变量 $y_i \in \{0, 1\}$ 表示开关机状态,即发电机组 i 在 $y_i = 1$ 时处于开机状态,而在 $y_i = 0$ 时处于关机状态。当 $y_i = 0$ 时,由于机组 i 关闭,因此其发电功率 $x_i = 0$;反之,当 $x_i > 0$ 时,则发电机组 i 必须处于开机状态,即 $y_i = 1$。结合发电容量限制,我们引入约束条件 $0 \leqslant x_i \leqslant u_i y_i$ 控制开关机状态。

对于给定负荷预测结果 d,单阶段机组组合问题就是确定每台发电机组的开关机状态 y_i 及其发电功率 x_i,使得总发电量等于负荷,即

$$\sum_{i=1}^{n} x_i = d \tag{7.1}$$

在此基础上,使得总成本达到最小值,即令目标函数

$$\sum_{i=1}^{n} a_i x_i^2 + b_i x_i + c_i y_i \tag{7.2}$$

最小化。进一步,考虑 x_i 和 y_i 之间的约束关系 $0 \leqslant x_i \leqslant u_i y_i$ 后,我们可将单阶段机组组合问题写为如下形式的混合整数规划问题(记为 SPUC 问题):

$$\min \sum_{i=1}^{n} a_i x_i^2 + b_i x_i + c_i y_i$$

$$\text{s. t.} \sum_{i=1}^{n} x_i = d \tag{SPUC}$$

$$0 \leqslant x_i \leqslant u_i y_i, i = 1, 2, \cdots, n$$

$$y_i \in \{0, 1\}, i = 1, 2, \cdots, n$$

如果(SPUC)中的参数 $c_1, c_2, \cdots, c_n$ 均为零,则问题退化为如下形式的单线

性约束二次规划问题(记为 SLQP):

$$\min \ \sum_{i=1}^{n} a_i x_i^2 + b_i x_i$$

$$\text{s. t.} \ \sum_{i=1}^{n} x_i = d \qquad\qquad (\text{SLQP})$$

$$0 \leqslant x_i \leqslant u_i, i = 1, 2, \cdots, n$$

问题(SLQP)作为具有特殊结构的变量可分凸二次规划问题,存在效率非常高的求解算法[97,98]。然而,当 $c_1, c_2, \cdots, c_n$ 不为零时,问题求解难度显著增加。对于一般情形(SPUC)的复杂度,我们有如下结论。

定理 7.1　单阶段机组组合优化问题(SPUC)是 NP-hard 问题

证明:我们已知集合划分问题[22]是 NP-hard 问题。其中集合划分问题定义如下:"给定一组正整数 $\{\alpha_1, \alpha_2, \cdots, \alpha_n\}$,以及非负整数 $k < n$,是否存在子集 $S \subseteq \{1, 2, \cdots, n\}$,使得如下等式成立

$$\sum_{i \in S} \alpha_i = \frac{1}{2} \sum_{i=1}^{n} \alpha_i \qquad\qquad (7.3)$$

且集合 S 中的元素个数满足 $|S| = k$?"

我们将上述问题转化为问题(SPUC)的实例。首先构造如下问题

$$\min \ \sum_{i=1}^{n} (\alpha_i z_i + T y_i)$$

$$\text{s. t.} \ \sum_{i=1}^{n} (T + \alpha_i) z_i = kT + \frac{1}{2} \sum_{i=1}^{n} \alpha_i \qquad\qquad (7.4)$$

$$0 \leqslant z_i \leqslant y_i, i = 1, 2, \cdots, n$$

$$y_i \in \{0, 1\}, i = 1, 2, \cdots, n$$

其中

$$T = \sum_{i=1}^{n} \alpha_i + 1 \qquad\qquad (7.5)$$

根据约束条件 $0 \leqslant z_i \leqslant y_i$,可得

$$\sum_{i=1}^{n} (\alpha_i z_i + T y_i) - \sum_{i=1}^{n} (T + \alpha_i) z_i = T \sum_{i=1}^{n} (y_i - z_i) \geqslant 0 \qquad (7.6)$$

因此,问题(7.4)的最优值一定大于等于 c,其中 $c = kT + \frac{1}{2} \sum_{i=1}^{n} \alpha_i$。

接下来,证明集合划分问题是"是实例"的充分必要条件为问题(7.4)的最优值与 c 恰好相等。首先,对于集合划分问题是"是实例",存在子集 $S \subseteq \{1, 2, \cdots, N\}$,使得 $|S| = k$,且式(7.3)成立。此时,当 $i \in S$ 时,令 $y_i^* = z_i^* = 1$,而当 $i \notin S$ 时,令 $y_i^* = z_i^* = 0$,则 (y^*, z^*) 为问题(7.4)的可行

解，且其目标值等于 c，由此证明问题 (7.4) 的最优值一定等于 c。

反过来，如果问题 (7.4) 的最优值等于 c，记 (y^*, z^*) 为问题 (7.4) 的最优解，则

$$T\sum_{i=1}^{n}(y_i^* - z_i^*) = \sum_{i=1}^{n}(\alpha_i z_i^* + Ty_i^*) - \sum_{i=1}^{n}(T+\alpha_i)z_i^* = 0 \quad (7.7)$$

因此对任意 $i = 1, 2, \cdots, n$，必有 $z_i^* = y_i^* \in \{0, 1\}$ 成立。定义集合

$$S = \{i \mid z_i^* = 1, i = 1, 2, \cdots, n\} \quad (7.8)$$

$$\bar{S} = \{1, 2, \cdots, n\} - S \quad (7.9)$$

则

$$\sum_{i=1}^{n}(T+\alpha_i)z_i^* = |S|T + \sum_{i \in S}\alpha_i \quad (7.10)$$

另外，由于

$$\sum_{i=1}^{n}(T+\alpha_i)z_i^* = kT + \frac{1}{2}\sum_{i \in S}\alpha_i \quad (7.11)$$

因此，根据式 (7.10)，式 (7.11)，可证明

$$(k - |S|)T + \frac{1}{2}\sum_{i \in S}\alpha_i - \frac{1}{2}\sum_{i \in \bar{S}}\alpha_i = 0 \quad (7.12)$$

根据 T 的定义，有

$$-T < \frac{1}{2}\sum_{i \in S}\alpha_i - \frac{1}{2}\sum_{i \in \bar{S}}\alpha_i < T \quad (7.13)$$

同时，由于 $k - |S|$ 为整数，根据式 (7.12)，式 (7.13)，必有 $|S| = k$，且

$$\frac{1}{2}\sum_{i \in S}\alpha_i - \frac{1}{2}\sum_{i \in \bar{S}}\alpha_i = 0 \quad (7.14)$$

由此可见，S 是集合划分问题的一组解。

基于上述分析，我们证明了问题 (7.4) 是 NP-hard 问题。进一步，我们将问题 (7.4) 的实例转化为问题 $(SPUC)$ 的实例。对任意 $i = 1, 2, \cdots, n$，令 $x_i = (T+\alpha_i)z_i$，则问题 (7.4) 可转化为如下形式：

$$\begin{aligned}
\min \quad & \sum_{i=1}^{n}\frac{\alpha_i}{T+\alpha_i}x_i + Ty_i \\
\text{s. t.} \quad & \sum_{i=1}^{n}x_i = kT + \frac{1}{2}\sum_{i=1}^{n}\alpha_i \\
& 0 \leqslant x_i \leqslant (T+\alpha_i)y_i, y_i \in \{0, 1\}, i = 1, 2, \cdots, n
\end{aligned} \quad (7.15)$$

该问题是问题 $(SPUC)$ 的实例，由此可见，问题 $(SPUC)$ 是 HP-hard 问题，证毕。

定理 7.1 说明，除非 P＝NP，否则我们无法找到多项式时间算法求解 $(SPUC)$。针对该问题，目前学术界普遍采用现有的混合整数优化软件对

其进行求解,其中典型的软件包括 CPLEX、BARON 和 SCIP 等著名软件。但是,上述软件的求解效率非常低。相关实验结果表明,针对 $n=500$ 的 (SPUC)问题测试算例,CPLEX 软件的计算时间通常超过一个小时(参见本章实验结果),很难满足实际应用需求。因此,针对(SPUC)设计更有效的求解算法具有迫切的必要性。

7.2　拉格朗日松弛

为了设计求解(SPUC)的分支定界算法,我们首先对(SPUC)设计松弛方法。针对该问题,最典型的凸松弛方法就是连续松弛方法,即将整数约束 $y_i \in \{0,1\}$ 松弛成连续约束 $y_i \in [0,1]$,得到凸二次松弛问题:

$$\min \sum_{i=1}^{n} a_i x_i^2 + b_i x_i + c_i y_i$$
$$\text{s. t.} \sum_{i=1}^{n} x_i = d \tag{7.16}$$
$$0 \leqslant x_i \leqslant u_i y_i, i = 1,2,\cdots,n$$
$$y_i \in [0,1], i = 1,2,\cdots,n$$

如第 2 章所述,基于连续松弛的下界方法是现有全局优化软件中最常用的方法之一。但是,针对(SPUC),基于连续松弛的下界往往产生较大的松弛间隙,导致后续分支定界算法枚举效率非常低。因此,我们将充分挖掘问题 (SPUC)的结构特点,并结合问题结构特点设计一类拉格朗日松弛方法。

7.2.1　拉格朗日对偶问题

在这一节,我们引入问题(SPUC)的拉格朗日对偶问题。我们首先定义如下形式的扩展目标函数:

$$f_i(x_i) = \begin{cases} 0, & \text{if } x_i = 0 \\ q_i(x_i), & \text{if } 0 < x_i \leqslant u_i \\ +\infty, & \text{if } x_i \notin [0,u_i] \end{cases} \tag{7.17}$$

其中,$q_i(x_i) = a_i x_i^2 + b_i x_i + c_i$。在此基础上,我们将问题(SPUC)转化为如下问题:

$$\min \sum_{i=1}^{n} f_i(x_i)$$
$$\text{s. t.} \sum_{i=1}^{n} x_i = d \tag{7.18}$$

容易验证,问题(7.18)和问题(SPUC)等价。

通过引入扩展函数 $f_i(x_i)$,可将问题(SPUC)中的约束 $0 \leqslant x_i \leqslant u_i y_i$,$y_i \in \{0,1\}$ 包含到目标函数中,因此,问题(7.18)仅含有一个线性约束,其相应的拉格朗日对偶问题也将只包含一个变量。为了推导问题(7.18)的对偶问题的具体形式,我们首先定义拉格朗日函数:

$$L(x,\lambda) = \sum_{i=1}^n f_i(x_i) + \lambda\left(d - \sum_{i=1}^n x_i\right) \tag{7.19}$$

在此基础上,定义问题(7.18)的拉格朗日对偶问题:

$$\max_{\lambda \in \mathbf{R}} p(\lambda) \tag{7.20}$$

其中,对偶函数 $p(\lambda)$ 定义如下:

$$p(\lambda) = \min_{x \in \mathbf{R}^n} L(x,\lambda)$$

$$= \lambda d + \sum_{i=1}^n \min_{x_i \in \mathbf{R}}[f_i(x_i) - \lambda x_i] \tag{7.21}$$

$$= \lambda d - \sum_{i=1}^n f_i^*(\lambda)$$

在对偶函数中,$f_i^*(\lambda) = \max_{x_i \in \mathbf{R}}[\lambda x_i - f_i(x_i)]$ 表示函数 $f_i(x_i)$ 的共轭函数。根据经典的弱对偶原理可知,问题(7.20)的最优值是问题(7.18)最优值的下界。

进一步,我们设计求解对偶问题(7.20)的算法。根据对偶理论可知,对偶目标函数 $p(\lambda)$ 一定是凹函数。因此,我们可以采用各类经典的凸优化算法求解问题(7.20)。但是,经典的凸优化通用算法效率并不高。为了实现高效率的下界算法,我们进一步挖掘问题(7.20)的特殊结构,从而设计复杂度为 $O(n\log n)$ 的算法。为此,我们首先考虑如下问题:

$$\min \sum_{i=1}^n f_i^{**}(x_i) \tag{7.22}$$

$$\text{s. t. } \sum_{i=1}^n x_i = d$$

其中

$$f_i^{**}(x_i) = \max_{\lambda \in \mathbf{R}}[\lambda x_i - f_i^*(\lambda)] \tag{7.23}$$

表示函数 $f_i^*(\lambda)$ 的共轭函数。根据凸分析理论可知,由于 $f_i^*(\lambda)$ 是 $f_i(x_i)$ 的共轭函数,因此是闭凸函数(即上境图为闭凸集的函数),此时,$f_i^*(\lambda)$ 和 $f_i^{**}(x_i)$ 互为共轭函数,即满足

$$f_i^*(\lambda) = \max_{x_i \in \mathbf{R}}[\lambda x_i - f_i^{**}(x_i)] \tag{7.24}$$

由此可见,问题(7.20)也是问题(7.22)的对偶问题。由于问题(7.22)是凸优化问题,问题(7.20)和问题(7.22)之间的对偶间隙一定为零。

进一步,根据凸分析的相关原理可知,$f_i^{**} = cl\ conv\ f_i$,即 $f_i^{**}(x_i)$ 的上境图为 $f_i(x_i)$ 上境图的闭凸包(参见文献[99]中的定理11.1)。因此,根据上述几何结构,我们可进一步推导 $f_i^{**}(x_i)$ 的解析表达式。注意到当 a_i,$b_i \geq 0$,且 $c_i > 0$ 时,函数 $f_i(x_i)$ 在定义域 $[0, u_i]$ 上仅包含间断点 $x_i = 0$,即当 $x_i = 0$,$f_i(0) = 0$,而当 $0 < x_i \leq u_i$ 时,$f_i(x_i) = q_i(x_i) \geq c_i > 0$。根据上述几何结构,我们按照下述步骤推出 $f_i(x_i)$ 的闭凸包函数 $cl\ conv\ f_i(x_i)$ 的解析表达式:令线性函数 $g_i(x_i) = k_i x_i$,使得 $f_i(0) = g_i(0) = 0$,且对任意 $0 < x_i \leq u_i$,不等式 $f_i(x_i) \geq g_i(x_i)$ 成立,在此基础上使得参数 k_i 最大化。此时,函数 $g_i(x_i)$ 一定与函数 $f_i(x_i)$ 在某点 $x_i = t_i > 0$ 处相切。若切点横坐标 $t_i = u_i$,则有 $cl\ conv\ f_i(x_i) = g_i(x_i)$。若切点横坐标 $t_i < u_i$,则 $cl\ conv\ f_i(x_i)$ 将为分段函数,即当 $0 < x_i \leq t_i$ 时,有 $cl\ conv\ f_i(x_i) = g_i(x_i)$,而当 $t_i < x_i \leq u_i$ 时,有 $cl\ conv\ f_i(x_i) = q_i(x_i)$。

为了得到 $f_i^{**}(x_i)$ 的解析式,我们讨论切点横坐标的位置 t_i。如果 $t_i < u_i$,则必有 $f_i(t_i) = g_i(t_i)$。根据相切关系,有 $f_i'(t_i) = g_i'(t_i)$。由此得到如下等式:

$$\begin{cases} k_i t_i = a_i t_i^2 + b_i t_i + c_i \\ k_i = 2 a_i t + b_i \end{cases} \tag{7.25}$$

根据上述等式,以及条件 $t_i < u_i$,我们得到 $t_i = \sqrt{c_i/a_i} < u_i$,$k_i = 2\sqrt{a_i c_i} + b_i$。综上所述,当 $\sqrt{c_i/a_i} < u_i$,我们得到 $f_i^{**}(x_i)$ 的解析式:

$$f_i^{**}(x_i) = \begin{cases} (2\sqrt{a_i c_i} + b_i)x_i, & \text{if } x_i \in [0, \sqrt{c_i/a_i}] \\ q_i(x_i), & \text{if } x_i \in [\sqrt{c_i/a_i}, u_i] \\ +\infty, & \text{if } x_i \notin [0, u_i] \end{cases} \tag{7.26}$$

另外,若 $t_i = u_i$,则有 $f_i(u_i) = g_i(u_i)$,由此得到等式 $k_i u_i = a_i u_i^2 + b_i u_i + c_i$,进一步,可推出 $k_i = a_i u_i + b_i + c_i/u_i$,且 $f_i^{**}(x_i)$ 的解析式如下:

$$f_i^{**}(x_i) = \begin{cases} (a_i u_i + b_i + c_i/u_i)x_i, & \text{if } x_i \in [0, u_i] \\ +\infty, & \text{if } x_i \notin [0, u_i] \end{cases} \tag{7.27}$$

根据上述关系式,无论是表达式(7.26)的情形,还是表达式(7.27)的情形,都可以推出 $f_i^{**}(x_i) < f_i(x_i)$ 对任意 $0 < x_i < t_i$ 成立,而当 $x_i \notin (0, t_i)$,有 $f_i^{**}(x_i) = f_i(x_i)$,其中

$$t_i = \min\{\sqrt{c_i/a_i}, u_i\} \tag{7.28}$$

7.2.2 对偶问题相关性质

为了设计求解问题(7.20)和问题(7.22)的快速算法,我们进一步对对偶问题的性质进行分析。注意到问题(7.20)的目标函数是凹函数,其最优性充分必要条件可写为 $0 \in \partial[-p(\lambda)]$,其中 $\partial[-p(\lambda)]$ 表示函数 $-p(\lambda)$ 在点 λ 处的次梯度。根据式(7.21),可得到

$$\partial[-p(\lambda)] = -d + \sum_{i=1}^{n} \partial f_i^*(\lambda) \tag{7.29}$$

从而,问题(7.20)的最优性充分必要条件可写为如下形式:

$$d \in \sum_{i=1}^{n} \partial f_i^*(\lambda) \tag{7.30}$$

由于 $f_i^*(\lambda)$ 和 $f_i^{**}(x_i)$ 互为共轭函数,根据文献[99]定理11.3可知,$f_i^*(\lambda)$ 的次梯度集合为

$$\partial f_i^*(\lambda) = \arg \max_{x_i \in \mathbf{R}}[\lambda x_i - f_i^{**}(x_i)] \tag{7.31}$$

根据上述关系,以及式(7.26)和式(7.27)的具体形式,我们推导 $\partial f_i^*(\lambda)$ 的表达式。首先,考虑 $\sqrt{c_i/a_i} < u_i$ 的情形,针对该情形,我们引入集合 $\Lambda_i = \{\lambda_i^1, \lambda_i^2\}$,其中

$$\lambda_i^1 = q_i'(\sqrt{c_i/a_i}) = 2\sqrt{a_i c_i} + b_i, \quad \lambda_i^2 = q_i'(u_i) = 2a_i u_i + b_i \tag{7.32}$$

由此得到 $\partial f_i^*(\lambda)$ 的表达式:

$$\partial f_i^*(\lambda) = \begin{cases} 0, & \text{if } \lambda < \lambda_i^1 \\ [0, \sqrt{c_i/a_i}], & \text{if } \lambda = \lambda_i^1 \\ (\lambda - b_i)/2a_i, & \text{if } \lambda_i^1 < \lambda \leqslant \lambda_i^2 \\ u_i, & \text{if } \lambda > \lambda_i^2 \end{cases} \tag{7.33}$$

类似地,若 $\sqrt{c_i/a_i} \geqslant u_i$,则定义集合 $\Lambda_i = \{\lambda_i^1\}$,其中

$$\lambda_i^1 = a_i u_i + b_i + c_i/u_i \tag{7.34}$$

由此得到 $\partial f_i^*(\lambda)$ 的表达式:

$$\partial f_i^*(\lambda) = \begin{cases} 0, & \text{if } \lambda < \lambda_i^1 \\ [0, u_i], & \text{if } \lambda = \lambda_i^1 \\ u_i, & \text{if } \lambda > \lambda_i^1 \end{cases} \tag{7.35}$$

根据上述表达式,我们可以直接得到如下结论。

命题 7.1 对于任意 $i \in \{1, 2, \cdots, n\}$,若对偶变量满足 $\lambda \neq \lambda_i^1$,则 $\partial f_i^*(\lambda)$ 为单点集合。进一步,若 $\lambda \notin \{\lambda_1^1, \lambda_2^1, \cdots, \lambda_n^1\}$,则 $\sum_{i=1}^{n} \partial f_i^*(\lambda)$ 为单点集合。

命题 7.2 对于任意 $i \in \{1, 2, \cdots, n\}$,若对偶变量满足 $\lambda = \lambda_i^1$,则 $\partial f_i^*(\lambda)$

为闭区间,可表示为 $\partial f_i^*(\lambda) = [0, t_i]$,其中 t_i 由(28)给出。若 $c_i = 0$,则区间 $[0, t_i]$ 退化成单点集合。进一步,若对偶变量满足 $\lambda \in \{\lambda_1^1, \lambda_2^1, \cdots, \lambda_n^1\}$,则 $\sum_{i=1}^n \partial f_i^*(\lambda)$ 为闭区间构成的集合(或退化成单点集合)。

命题 7.3　如下结论成立:

(1)若 $\lambda < \lambda'$,$y \in \partial f_i^*(\lambda)$,且 $y' \in \partial f_i^*(\lambda')$,则 $y \leqslant y'$;反之,若 $y \in \partial f_i^*(\lambda)$,$y' \in \partial f_i^*(\lambda')$,且 $y < y'$,则 $\lambda \leqslant \lambda'$。

(2)若 $\lambda < \lambda'$,$y \in \sum_{i=1}^n \partial f_i^*(\lambda)$,且 $y' \in \sum_{i=1}^n \partial f_i^*(\lambda')$,则 $y \leqslant y'$;反之,若 $y \in \sum_{i=1}^n \partial f_i^*(\lambda)$,$y' \in \sum_{i=1}^n \partial f_i^*(\lambda')$,且 $y < y'$,则 $\lambda \leqslant \lambda'$。

上述命题可通过式(7.33)和式(7.35)直接得到,我们不再单独给出。简便起见,我们引入如下符号:对于给定的 $i \in \{1, 2, \cdots, n\}$,若 $\lambda \neq \lambda_i^1$,则令 $X_i(\lambda) := \partial f_i^*(\lambda)$。若 $\lambda \in \{\lambda_1^1, \lambda_2^1, \cdots, \lambda_n^1\}$,则令

$$X(\lambda) = \sum_{i=1}^n X_i(\lambda) = \sum_{i=1}^n \partial f_i^*(\lambda) \tag{7.36}$$

此外,对于任意 $\lambda \in \mathbf{R}$,令

$$l(\lambda) = \min\left[\sum_{i=1}^n \partial f_i^*(\lambda)\right], u(\lambda) = \max\left[\sum_{i=1}^n \partial f_i^*(\lambda)\right] \tag{7.37}$$

此时,集合 $\sum_{i=1}^n \partial f_i^*(\lambda)$ 可表示为区间 $[l(\lambda), u(\lambda)]$ 的形式,[若 $l(\lambda) = u(\lambda)$,则该区间被看作单点集合]。基于上述符号,容易验证,对任意 $\lambda \in \{\lambda_1^1, \lambda_2^1, \cdots, \lambda_n^1\}$,有:

$$u(\lambda) - l(\lambda) = \sum_{i:\lambda_i=\lambda} t_i = \sum_{i:\lambda_i=\lambda} \min\{\sqrt{c_i/a_i}, u_i\} \tag{7.38}$$

我们可以得到如下命题。

命题 7.4　对于任意 $i \in \{1, 2, \cdots, n\}$,对任意 $\hat{\lambda} \in \mathbf{R}$,有

$$\lim_{\lambda \to \hat{\lambda}^-} \partial f_i^*(\lambda) = \min \partial f_i^*(\hat{\lambda}), \lim_{\lambda \to \hat{\lambda}^+} \partial f_i^*(\lambda) = \max \partial f_i^*(\hat{\lambda}) \tag{7.39}$$

进一步,容易验证:

$$\lim_{\lambda \to \hat{\lambda}^-} \sum_{i=1}^n \partial f_i^*(\lambda) = l(\hat{\lambda}), \lim_{\lambda \to \hat{\lambda}^+} \sum_{i=1}^n \partial f_i^*(\lambda) = u(\hat{\lambda}) \tag{7.40}$$

命题 7.4 同样可根据式(7.33)和式(7.35)直接得出,因此我们不再给出证明。

7.2.3　下界算法

在上一节,我们已经对对偶问题(7.20)的相关性质进行了分析,在这一

节,我们设计快速算法,以 $O(n\log n)$ 的计算复杂度求解对偶问题(7.20)。首先,我们定义如下集合:

$$\Lambda = \bigcup_{i=1}^{n} \Lambda_i \tag{7.41}$$

简单起见,我们对 Λ 中的元素按照从小到大排序并重新编号,记 $\Lambda = \{\lambda_1, \lambda_2, \cdots, \lambda_r\}$,其中 $\lambda_1 < \lambda_2 < \cdots < \lambda_r$。我们给出如下两条重要引理。

引理 7.1 对于 $\Lambda = \{\lambda_1, \lambda_2, \cdots, \lambda_r\}$,$\lambda_1 < \lambda_2 < \cdots < \lambda_r$,如下等式成立:

$$l(\lambda_1) = 0, u(\lambda_r) = U \tag{7.42}$$

其中

$$U = \sum_{i=1}^{n} u_i \tag{7.43}$$

进一步,不等式

$$0 = l(\lambda_1) \leqslant u(\lambda_1) \leqslant l(\lambda_2) \leqslant u(\lambda_2) \leqslant \cdots \leqslant u(\lambda_r) = U \tag{7.44}$$

成立。

证明: 若 $\lambda = \lambda_1$,则 $\lambda \leqslant \lambda_i^1$ 对任意 $i = 1, 2, \cdots, n$ 成立,根据式(7.33)和式(7.35)可知,在条件 $\lambda \leqslant \lambda_i^1$ 下,有 $\min \partial f_i^*(\lambda) = 0$,因此

$$l(\lambda_1) = \sum_{i=1}^{n} \min \partial f_i^*(\lambda_1) = 0 \tag{7.45}$$

类似地,当 $\lambda = \lambda_r$,则 $\lambda \geqslant \lambda_i^1$ 对任意 $i = 1, 2, \cdots, n$ 成立,在此基础上,有 $\max \partial f_i^*(\lambda) = u_i$,因此

$$u(\lambda_r) = \sum_{i=1}^{n} \max \partial f_i^*(\lambda_r) = U \tag{7.46}$$

进一步,根据命题 7.3 及关系式 $\lambda_1 < \lambda_2 < \cdots < \lambda_r$ 可推出

$$l(\lambda_1) \leqslant u(\lambda_1) \leqslant l(\lambda_2) \leqslant u(\lambda_2) \leqslant \cdots \leqslant u(\lambda_r) \tag{7.47}$$

成立。引理得证。

引理 7.2 对任意实数 $d \in [0, U]$,一定存在实数 λ^*,满足 $\lambda_1 \leqslant \lambda^* \leqslant \lambda_r$,且

$$d \in [l(\lambda^*), u(\lambda^*)] \tag{7.48}$$

证明: 根据引理 7.1,不等式(7.44)成立。因此,对任意 $d \in [0, U]$,如下两种情形一定有且仅有一种情形发生:

(A1) 存在 $i \in \{1, 2, \cdots, r\}$,使得 $l(\lambda_i) \leqslant d \leqslant u(\lambda_i)$ 成立。

(A2) 存在 $i \in \{1, 2, \cdots, r-1\}$,使得 $u(\lambda_i) < d < l(\lambda_{i+1})$ 成立。

如果情形(A1)成立,则令 $\lambda^* = \lambda_i$,在此基础上,式(7.48)自然成立。若情形(A2)成立,则 $X(\lambda)$ 是在开区间 $(\lambda_i, \lambda_{i+1})$ 上的连续函数,且根据命题 7.4 可知,如下关系式成立:

$$\lim_{\lambda \to \lambda_i^+} X(\lambda) = u(\lambda_i), \ \lim_{\lambda \to \lambda_{i+1}^-} X(\lambda) = l(\lambda_{i+1}) \tag{7.49}$$

由于 $u(\lambda_i) < d < l(\lambda_{i+1})$，根据连续函数的性质可知，存在 $\lambda^* \in (\lambda_i, \lambda_{i+1})$，使得条件 $X(\lambda^*) = d$ 成立。此时，由于 $l(\lambda^*) = u(\lambda^*) = X(\lambda^*)$，因此式 (7.48) 成立。证毕。

在引理 7.2 中，式 (7.48) 实际上等价于

$$d \in \sum_{i=1}^{n} \min \partial f_i^*(\lambda^*) \tag{7.50}$$

而该条件实际上恰好是对偶问题 (7.20) 的最优性条件。因此，满足引理 7.2 结论的解 λ^* 实际上就是对偶问题 (7.20) 的最优解。进一步，根据引理 7.2 的证明过程，我们将最优解的取值分为两种情形：$\lambda^* \in \Lambda$ 的情形和 $\lambda^* \notin \Lambda$。上述两种情形分别对应引理 7.2 证明过程中的情形 (A1) 和情形 (A2)。对于 $\lambda^* \notin \Lambda$ 的情形，引理 7.2 说明一定存在区间 $(\lambda_i, \lambda_{i+1})$，使得 λ^* 介于该区间之内。为了计算 λ^* 的具体取值，我们定义指标集合

$$S = \{j \mid j \in \{1, 2, \cdots, n\}, \sqrt{c_j/a_j} < u_j, \lambda_j^1 \leqslant \lambda_i, \lambda_j^2 \geqslant \lambda_{i+1}\}, \bar{S} = \{1, 2, \cdots, n\} - S \tag{7.51}$$

容易验证，若 $j \in \bar{S}$，则当 λ 在区间 $(\lambda_i, \lambda_{i+1})$ 内变化时，函数值 $X_j(\lambda)$ 保持不变。此时，记 $\bar{x}_j$ 为 $\lambda \in (\lambda_i, \lambda_{i+1})$ 时 $X_j(\lambda)$ 对应的常数。另外，当 $j \in S$ 时，随着 λ 在区间 $(\lambda_i, \lambda_{i+1})$ 内变化，函数值 $X_j(\lambda)$ 也将变化，其解析表达式为

$$X_j(\lambda) = \frac{\lambda - b_j}{2a_j}, j \in S, \lambda \in (\lambda_i, \lambda_{i+1}) \tag{7.52}$$

另外，根据引理 7.2 的证明过程可知，λ^* 应满足 $X(\lambda^*) = d$，即

$$\sum_{j \in \bar{S}} \bar{x}_j + \sum_{j \in S} (\lambda^* - b_j)/2a_j = d \tag{7.53}$$

将式 (7.52) 代入式 (7.53) 并化简，可得 λ^* 的表达式：

$$\lambda^* = \frac{d - \sum_{j \in \bar{S}} \bar{x}_j + \sum_{j \in S} b_j/2a_j}{\sum_{j \in S} 1/(2a_j)} \tag{7.54}$$

根据上述分析，在 $d \in [0, U]$ 的假设下，我们可以设计出求解对偶问题 (7.20) 的快速算法：首先根据集合 $\Lambda = \{\lambda_1, \lambda_2, \cdots, \lambda_r\}$ 确定指标 i，使得不等式 $l(\lambda_i) \leqslant d \leqslant u(\lambda_i)$ 或 $u(\lambda_i) < d < l(\lambda_{i+1})$ 成立。若 $l(\lambda_i) \leqslant d \leqslant u(\lambda_i)$ 成立，则 λ_i 即为对偶问题 (7.20) 的最优解。否则，若情形 $u(\lambda_i) < d < l(\lambda_{i+1})$ 成立，则我们根据式 (7.51) 构造集合 S 和 $\bar{S}$，并根据公式 (7.54) 计算 λ^*，由此得到对偶问题 (7.20) 的最优解。其求解过程伪代码如图 7.1 所示。

在算法 7.1 中，我们首先对 $\Lambda = \{\lambda_1, \lambda_2, \cdots, \lambda_r\}$ 按照从小到大排序，再采

用二分搜索策略确定使得不等式 $l(\lambda_i) \leqslant d \leqslant u(\lambda_i)$ 或 $u(\lambda_i) < d < l(\lambda_{i+1})$ 成立的指标 i。在采用二分搜索策略时,搜索次数为 $O(\log n)$ 数量级,即算法第 3~11 行的循环次数最多执行 $O(\log n)$ 次。进一步,在每一次搜索过程中,需要在算法第 5 行计算一组 $l(\lambda_i)$ 和 $u(\lambda_i)$ 的取值,每一次计算的复杂度为 $O(n)$。与第 5 行的复杂度相比,算法在第 6~10 行的计算复杂度可以忽略。因此,算法前 11 行的复杂度为 $O(n\log n)$ 数量级。在第 12~15 行的执行过程中,复杂度均不超过 $O(n)$ 数量级。因此,算法整体复杂度为 $O(n\log n)$ 数量级。

> 1: 构造集合 $\Lambda = \{\lambda_1, \lambda_2, \cdots, \lambda_r\}$,其中 $\lambda_1 < \lambda_2 < \cdots < \lambda_r$.
> 2: 令 $J_l = 1$, $J_u = r$.
> 3: **while** $J_u - J_l > 1$ **do**
> 4:   更新 $J_m = \lceil (J_l + J_u)/2 \rceil$
> 5:   计算 $l(\lambda_{J_m})$ 和 $u(\lambda_{J_m})$.
> 6:   **if** $l(\lambda_{J_m}) \leqslant d \leqslant u(\lambda_{J_m})$, **then**
>   令 $\lambda^* = \lambda_{J_m}$,返回 λ^*,算法终止.
> 7:   **end if**
> 8:   **if** $d < l(\lambda_{J_m})$, **then**
>   更新 $J_u = J_m$.
> 9:   **else**
>   更新 $J_l = J_m$.
> 10:   **end if**
> 11: **end while**
> 12: 基于式(7.51)构造集合 S 和 $\bar{S}$.
> 13: 基于式(7.56),计算并返回 λ^*,算法终止.

图 7.1 求解问题(7.20)的对偶算法(算法 7.1)

7.2.4 原问题近似解

上一节的算法 7.1 可在 $O(n\log n)$ 复杂度下求解对偶问题(7.20)的最优解及最优值。然而,仅依靠对偶问题的最优值还不足以设计出完整的分支定界算法。相比之下,问题(7.22)的结构和原问题(7.18)更加接近,求解问题(7.22)的最优解,将更有利于我们挖掘问题的结构,从而在后续分支定界算法中选择合适的分支方向。由于问题(7.22)和问题(7.20)为一对凸优化问题的原始-对偶问题,因此这两个问题的最优解满足互补松弛条件。利用互补松弛条件,我们可进一步根据问题(7.20)的最优解得到问题

(7.22)的最优解。为此,我们首先给出如下定理。

定理 7.2　假设对偶问题(7.20)的最优解 λ^* 满足 $\lambda^* \notin \{\lambda_1^1, \lambda_2^1, \cdots, \lambda_n^1\}$,构造 x^*,使得

$$x_i^* = X_i(\lambda^*), i = 1, 2, \cdots, n \tag{7.55}$$

则 x^* 同时是问题(7.18)和问题(7.22)的最优解,且问题(7.18)和问题(7.20)之间的对偶间隙等于零。

证明:根据问题(7.20)和问题(7.22)之间的强对偶原理,我们有

$$\sum_{i=1}^n f_i^{**}(x_i^*) = p(\lambda^*) \tag{7.56}$$

因此 x^* 一定为问题(7.22)的最优解。进一步,在假设条件 $\lambda^* \notin \{\lambda_1^1, \lambda_2^1, \cdots, \lambda_n^1\}$ 下,可知对任意 $i = 1, 2, \cdots, n$,必有 $x_i^* = X_i(\lambda^*) = 0$ 或 $x_i^* = X_i(\lambda^*) \geqslant \min\{\sqrt{c_i/a_i}, u_i\}$ 之一成立,在此基础上,我们有 $f_i^{**}(x_i^*) = f_i(x_i^*)$。由此可得

$$\sum_{i=1}^n f_i(x_i^*) = p(\lambda^*) \tag{7.57}$$

因此, x^* 必为问题(7.18)的全局最优解,且问题(7.18)和问题(7.20)之间的对偶间隙等于零。

由此可见,当定理 7.2 的条件得到满足的时候,拉格朗日对偶问题(7.20)不会产生非零对偶间隙,且通过求解对偶问题(7.20)可直接反推出问题(7.18)的全局最优解。另外,对于情形 $\lambda^* \in \{\lambda_1^1, \lambda_2^1, \cdots, \lambda_n^1\}$,令

$$I = \{i \mid \lambda_i^1 = \lambda^*, 1 \leqslant i \leqslant n\}, \bar{I} = \{1, 2, \cdots, n\} - I \tag{7.58}$$

则根据互补松弛条件, x^* 为问题(7.22)的最优解当且仅当 x^* 满足如下 3 个条件。

(C1)对任意 $i \in \bar{I}$,有 $x_i^* = X_i(\lambda^*)$。

(C2)对任意 $i \in I$,有 $x_i^* \in \partial f_i^*(\lambda^*) = [0, \iota_i]$,其中 ι_i 由式(7.28)定义。

(C3) $x_1^* + x_2^* + \cdots + x_n^* = d$。

根据上述条件,对任意 $i \in I$,我们固定住 $x_i^* = X_i(\lambda^*)$,进一步,对于 $i \in I$,我们求解如下系统

$$\begin{cases} \sum_{j \in I} x_i = d - \sum_{j \in \bar{I}} X_i(\lambda^*) \\ 0 \leqslant x_i \leqslant t_i, \forall i \in I \end{cases} \tag{7.59}$$

通过求解系统(7.59)得到可行解 x_i^*,并在此基础上构造问题(7.22)的最优解 x^*。此外,关于系统(7.59),我们可证明如下结论成立。

定理 7.3　假设对偶问题(7.20)的最优解 λ^* 满足 $\lambda^* \in \{\lambda_1^1, \lambda_2^1, \cdots, \lambda_n^1\}$,对任意 $i \in \bar{I}$,令 $x_i^* = X_i(\lambda^*)$,若系统(7.59)存在解 x_I^* 满足

$$x_i^* \in \{0, t_i\}, \forall i \in I \tag{7.60}$$

则问题(7.22)的最优解 x^* 也是问题(7.18)的全局最优解,此时问题(7.22)和问题(7.20)之间的对偶间隙等于零。

证明: 对任意 $i \in I$,当条件(7.60)成立时,我们有 $f_i^{**}(x_i^*) = f_i(x_i^*)$。另外,对于 $i \in \bar{I}$ 的情形,根据 $x_i^* = X_i(\lambda^*)$ 可知,$x_i^* = 0$ 或 $x_i^* \geqslant \min\{\sqrt{c_i/a_i}, u_i\}$ 之一必然成立。在此情形下,同样可以得到 $f_i^{**}(x_i^*) = f_i(x_i^*)$。由此证明如下等式成立:

$$\sum_{i=1}^n f_i(x_i^*) = \sum_{i=1}^n f_i^{**}(x_i^*) = p(\lambda^*) \tag{7.61}$$

因此,x^* 必为问题(7.18)的全局最优解,且问题(7.22)和问题(7.20)之间的对偶间隙等于零。

定理 7.3 告诉我们,若系统(7.59)存在一组可行解 x^*,使得对任意 $i \in I$,x_i^* 都取到区间 $[0, t_i]$ 的端点处,即如下系统存在解:

$$\begin{cases} \sum_{j \in I} x_i = d - \sum_{j \in \bar{I}} X_i(\lambda^*) \\ x_i^* \in \{0, t_i\}, \forall i \in I \end{cases} \tag{7.62}$$

则问题(7.18)和问题(7.20)之间的对偶间隙等于零。实际上,对于一般情形,判断系统(7.62)是否存在可行解并不是个容易的问题。然而,对于电力系统应用背景,由于各个发电机组的边际成本、启动成本彼此不同,因此,在实际计算中,集合 I 中元素的个数往往非常少,针对这种情形,我们不妨直接采用枚举法判断系统(7.62)是否存在可行解。

若对偶问题(7.20)的最优解 λ^* 满足 $\lambda^* \in \{\lambda_1^1, \lambda_2^1, \cdots, \lambda_n^1\}$,但系统(7.62)不存在可行解,则对系统(7.59)的任意可行解,必然存在某项 $i \in I$,使得 $0 < x_i^* < t_i$ 成立。针对此类情形,有 $f_i^{**}(x_i^*) < f_i(x_i^*)$,此时系统(7.59)的任意解满足

$$\sum_{i=1}^n f_i^{**}(x_i^*) < \sum_{i=1}^n f_i(x_i^*) \tag{7.63}$$

因此,问题(7.18)和问题(7.22)之间一定存在非零的松弛间隙。关于该情形,我们进一步给出如下定理。

定理 7.4 假设问题(7.20)最优解 λ^* 满足 $\lambda^* \in \{\lambda_1^1, \lambda_2^1, \cdots, \lambda_n^1\}$,对任意 $i \in \bar{I}$,令 $x_i^* = X_i(\lambda^*)$,若系统(7.62)不存在解,则系统(7.59)存在解 x_I^*,使得集合 I 中最多存在一个元素 i^*,其对应的变量满足

$$x_{i^*}^* \notin \{0, t_{i^*}\} \tag{7.64}$$

证明: 令 $|I|$ 表示集合 I 中元素个数。我们任意选取系统(7.59)的一个

极点可行解 x_i^*,则该极点解处存在至少 $|I|$ 个积极约束(对于非退化情形,则恰好 $|I|$ 个积极约束)。根据系统(7.59)的结构,其中一个积极约束为

$$\sum_{j \in I} x_i = d - \sum_{j \in I} X_i(\lambda^*) \tag{7.65}$$

而剩下的 $|I|-1$ 个积极约束必然来源于约束 $0 \leqslant x_i \leqslant t_i, \forall i \in I$,由此证明,在该极点可行解处,最多存在一个元素 $i^* \in I$,使得(7.62)成立。

　　定理 7.3 告诉我们,当问题(7.18)和问题(7.22)之间的松弛间隙非零时,系统(7.59)的可行解 x_i^* 一定存在某项 $i \in I$,使得 $0 < x_i^* < t_i$ 成立,而定理 7.4 进一步告诉我们,当我们选取系统(7.59)的极点可行解时,则最多存在一项 $i \in I$,使得 $0 < x_i^* < t_i$ 成立。记该项指标为 i^*。针对松弛间隙非零情形,我们可以进一步设计分支定界算法寻找问题的全局最优解。

7.3　分支定界算法

　　在前一节,我们对非凸问题(7.18)及其对偶问题(7.20)进行了深入的分析,并提出了求解问题(7.20)和问题(7.22)的快速算法。进一步,当定理 7.2 或定理 7.3 的条件得到满足时,非凸问题(7.18)及其对偶问题(7.20)之间的对偶间隙一定为零,此时,求解对偶问题(7.20)可直接推导出原问题(7.18)的最优解。然而,在定理 7.4 的条件下,问题(7.18)和问题(7.20)之间的对偶间隙将不再为零。针对此类情形,我们无法直接通过求解对偶问题(7.20)直接推导原问题的全局最优解。因此,我们进一步设计分支定界算法求解问题(7.18)。

　　基于定理 7.4 可知,如果问题(7.18)和问题(7.22)之间的松弛间隙不为零,则可求解系统(7.59)的极点可行解,此时最多存在一项 $i \in I$,使得不等式 $0 < x_i^* < t_i$ 成立,且 $f_{i^*}^{**}(x_i^*) < f_i(x_i^*)$。由此可见,我们选择 x_i 作为分支变量,将直接减小函数 $f_i(x_i)$ 及其凸包络函数之间的松弛间隙。

　　由于对任意 $i \in \{1, 2, \cdots, n\}$,$f_i(x_i)$ 的非凸性主要来源于间断点 $x_i = 0$ 处的函数值跳变,而该间断点主要是由于机组组合问题中的开机成本 $c_i > 0$ 造成的。因此在分支定界过程中,我们将机组集合 $\{1, 2, \cdots, n\}$ 分为三个子集合 $A_{\text{on}}, A_{\text{off}}, A_u$,其中

$$A_{\text{on}} \bigcup A_{\text{off}} \bigcup A_u = \{1, 2, \cdots, n\}$$

且三个子集合交集为空集。对于 $i \in \{1, 2, \cdots, n\}$,若 $i \in A_{\text{on}}$,则表示机组 i 处于开机状态,$i \in A_{\text{off}}$ 表示机组 i 处于关机状态,而 $i \in A_u$ 表示机组 i 的开

关机状态尚未确定。当 $i \in A_{\mathrm{off}}$ 时,在关闭状态下,要求 $x_i = 0$,此时 $f_i(x_i) = 0$。在给定的开关机状态划分 $A_{\mathrm{on}}, A_{\mathrm{off}}, A_u$ 下,我们定义如下问题:

$$\min \sum_{i \in A_u} f_i(x_i) + \sum_{i \in A_{\mathrm{on}}} h_i(x_i)$$

$$\mathrm{s.\,t.} \sum_{i \in A_u \cup A_{\mathrm{on}}} x_i = d \tag{7.66}$$

其中

$$h_i(x_i) = \begin{cases} q_i(x_i), & \text{if } 0 \leqslant x_i \leqslant u_i \\ +\infty, & \text{if } x_i \notin [0, u_i] \end{cases} \tag{7.67}$$

对于 $i \in A_{\mathrm{on}}$ 的情形,可理解为机组 i 已经处于开机状态,此时可以将其成本曲线固定为 $h_i(x_i)$,而对于 $i \in A_u$ 的情形,由于开关机状态尚未确定,我们仍然以 $f_i(x_i)$ 作为其成本曲线。由于问题(7.66)是非凸问题,我们可设计如下凸松弛问题:

$$\min \sum_{i \in U} f_i^{**}(x_i) + \sum_{i \in A_{\mathrm{on}}} h_i(x_i)$$

$$\mathrm{s.\,t.} \sum_{i \in U \cup A_{\mathrm{on}}} x_i = d \tag{7.68}$$

针对问题(7.68),本章所讨论的算法 7.1 经过简单修改后仍然适用。其中主要修改之处在于:当 $i \in A_{\mathrm{on}}$ 时,凸函数 $h_i(x_i)$ 的共轭函数 $h_i^*(\lambda_i)$ 的次梯度如下定义:

$$\partial h_i^*(\lambda) = \begin{cases} 0, & \text{if } \lambda < \lambda_i^1 \\ (\lambda - b_i)/(2a_i), & \text{if } \lambda_i^1 < \lambda \leqslant \lambda_i^2 \\ u_i, & \text{if } \lambda > \lambda_i^2 \end{cases} \tag{7.69}$$

其中

$$\lambda_i^1 = b_i, \quad \lambda_i^2 = 2a_i u_i + b_i \tag{7.70}$$

类似地,定义集合 $\Lambda_i = \{\lambda_i^1, \lambda_i^2\}$,且针对问题(7.68),我们定义

$$\Lambda = \bigcup_{i \in A_u \cup A_{\mathrm{on}}} \Lambda_i \tag{7.71}$$

因此,可以在 $O(n \log n)$ 复杂度下求解问题(7.68)的最优解,且当问题(7.68)和问题(7.66)之间存在非零对偶间隙时,我们总可以构造出问题(7.68)的一组最优解 x^*,使得最多存在一项 $i \in A_u$ 满足 $f_i^{**}(x_i^*) < f_i(x_i^*)$。记该项指标为 i^*。选择指标 i^* 对应的变量作为分支变量,将元素 i^* 从集合 A_u 中删除,并生成两个分支节点。在第一个节点中,我们将元素 i^* 添入集合 A_{on},而在第二个分支节点中,我们将元素 i^* 添入集合 A_{off}。从而完成分支。另外,当采用上述过程得到问题(7.68)的最优解后,可以在此基础上将其扩展为问题(7.18)的可行解(对任意 $i \in A_{\mathrm{off}}$,令 $x_i^* = 0$)。由此,x^* 对应

的目标值可作为问题(7.18)最优值的上界。在此基础上,我们最终设计出完整的分支定界算法,其伪代码如图 7.2 所示,其中符号 $\text{Relax}(A_u, A_{\text{on}}, A_{\text{off}})$ 表示基于特定 $A_{\text{on}}, A_{\text{off}}, A_u$ 而定义的问题(7.18)。

1:　初始化: 令 $A_u^0 = \{1, 2, \cdots, n\}$, $A_{\text{on}}^0 = \varnothing$, $A_{\text{off}}^0 = \varnothing$.

2:　$\mathcal{P} = \varnothing$, $k = 0$.

3:　求解 $\text{Relax}(A_u^0, A_{\text{on}}^0, A_{\text{off}}^0)$ 得到最优解 x^0 和最优值 L^0.

4:　更新 $U^* = \sum_{i=1}^{n} f_i(x_i^0)$, $x^* = x^0$.

5:　将节点 $\{A_{\text{on}}^0, A_{\text{off}}^0, A_u^0, x^0, L^0\}$ 加入 $\mathcal{P}$.

6: **loop**

7:　　令 $k \leftarrow k + 1$.

8:　　从 $\mathcal{P}$ 中选择节点, 记为 $\{A_{\text{on}}^k, A_{\text{off}}^k, A_u^k, x^k, L^k\}$, 其对应的下界值 L^k 是 $\mathcal{P}$ 中最小的下界值。

9:　　**if** $U^* - L^k < \epsilon$ **then**

10:　　　返回 x^*, 算法终止.

11:　　**end if**

12:　　选择指标 i^*, 使得 $f_{i^*}^{**}(x_{i^*}) < f_{i^*}(x_{i^*})$.

13:　　构造 $A_u^- = A_u^k / i^*$, $A_{\text{on}}^- = A_{\text{on}}^k \bigcup i^*$, $A_{\text{off}}^- = A_{\text{off}}^k$.

14:　　构造 $A_u^+ = A_u^k / i^*$, $A_{\text{on}}^+ = A_{\text{on}}^k$, $A_{\text{off}}^+ = A_{\text{off}}^k \bigcup i^*$.

15:　　**if** $\text{Relax}(A_{\text{on}}^-, A_{\text{off}}^-, A_u^-)$ 可行 **then**

16:　　　求解 $\text{Relax}(A_{\text{on}}^-, A_{\text{off}}^-, A_u^-)$, 得到最优解 x^- 和最优值 L^-.

17:　　　**if** $L^- \leqslant U^*$ **then**

18:　　　　将节点 $\{A_{\text{on}}^-, A_{\text{off}}^-, A_u^-, x^-, L^-, i^-\}$ 加入 $\mathcal{P}$.

19:　　　**end if**

20:　　　**if** $U^* > \sum_{i=1}^{n} f_i(x_i^-)$ **then**

21:　　　　更新 $U^* = \sum_{i=1}^{n} f_i(x_i^-)$, $x^* = x^-$.

22:　　　**end if**

23:　　**end if**

24:　　**if** $\text{Relax}(A_{\text{on}}^+, A_{\text{off}}^+, A_u^+)$ 可行 **then**

25:　　　求解 $\text{Relax}(A_{\text{on}}^+, A_{\text{off}}^+, A_u^+)$, 得到最优解 x^+ 和最优值 L^+.

26:　　　**if** $L^+ \leqslant U^*$ **then**

27:　　　　将节点 $\{A_{\text{on}}^+, A_{\text{off}}^+, A_u^+, x^+, L^+, i^+\}$ 加入 $\mathcal{P}$.

28:　　　**end if**

29:　　　**if** $U^* > \sum_{i=1}^{n} f_i(x_i^+)$ **then**

30:　　　　更新 $U^* = \sum_{i=1}^{n} f_i(x_i^+)$, $x^* = x^+$.

31:　　　**end if**

32:　　**end if**

33: **end loop**

图 7.2　求解(SPUC)的分支定界算法(算法 7.2)

在算法 7.2 中,我们将 A_u^0 初始化为 $A_u^0=\{1,2,\cdots,n\}$,并进一步进行划分。由于分支定界过程采用二分策略,且层数一定不超过 n 层,因此,分支定界过程中产生的节点个数最多不超过 $1+2+\cdots+2^n=2^{n+1}-1$ 个。

7.4 数 值 实 验

在本小节中,我们随机生成单阶段机组组合问题的数值测试算例。我们首先对算法 7.2 的计算效率进行评价。进一步,我们研究开机成本分布范围对算法效率的影响效果。

7.4.1 算法效率评价

为了对算法 7.2 的计算效率进行客观评价,我们生成机组组合问题的模拟数据。在算例生成过程中,参数的分布范围主要基于对真实数据的观察,从而使得随机算例的分布规律尽可能符合真实应用场景下的实际情况。

文献[91]给出了一组真实数据(表 7.1)。在该组数据中,我们发现参数 a_i 在 $[0,0.035]$ 之间分布,参数 b_i 在 $[20,56]$ 之间分布,参数 c_i 在 $[400,800]$ 之间分布,而 u_i 为 500。我们进一步观察了 MATPOWER 网站提供的更多测试数据参数。基于上述观察,我们按照如下参数分布范围生成测试算例,对于任意 $i\in\{1,2,\cdots,n\}$,我们令各参数服从如下区间上的均匀分布:

$$a_i \in [0,0.05],b_i \in [20,80],c_i \in [200,1000]$$

$$u_i \in [100,300],d \in \left[0,\sum_{i=1}^{n}u_i\right]$$

表 7.1 发电机组成本曲线参数分布样例

机组编号	a_i	b_i	c_i	u_i
1	0.030	20	800	500
2	0.035	23	400	500
3	0.000	56	500	500

基于上述分布,我们对参数进行随机采样,由此生成测试算例。基于上述过程,我们按照 $n\in\{100,200,500\}$ 分别生成 3 组测试算例,每组测试算例分别采用算法 7.2 和 CPLEX 软件求解。在 $n=100,200,500$ 三类情形

下的实验结果分别列于表 7.2～表 7.4 中。

表 7.2 测试算例实验结果($n=100$)

问题编号	枚举节点数		计算时间	
	算法 7.2	CPLEX	算法 7.2	CPLEX
1	1	1	0.0011	0.0063
2	3	117	0.0012	0.0338
3	2	575	0.0011	0.0842
4	1	101	0.0010	0.0248
5	3	1	0.0009	0.0065
6	1	220	0.0007	0.0439
7	6	477	0.0012	0.0681
8	4	327	0.0010	0.0566
9	3	334	0.0009	0.0604
10	5	233	0.0010	0.0531

表 7.3 测试算例实验结果($n=200$)

问题编号	枚举节点数		计算时间	
	算法 7.2	CPLEX	算法 7.2	CPLEX
1	3	3486	0.0016	0.5930
2	3	912	0.0015	0.1560
3	3	26835	0.0014	4.2910
4	2	753	0.0010	0.1720
5	1	10583	0.0011	1.6380
6	2	1191	0.0013	0.2340
7	2	661	0.0011	0.1400
8	4	881	0.0015	0.1880
9	2	1258	0.0010	0.2490
10	34	3	0.0059	0.0310

表 7.4 测试算例实验结果($n=500$)

问题编号	枚举节点数		计算时间	
	算法 7.2	CPLEX	算法 7.2	CPLEX
1	1	3188	0.0083	1.0610
2	3	—	0.0031	—
3	3	—	0.0035	—
4	2	—	0.0024	—
5	6	—	0.0042	—
6	3	—	0.0028	—
7	1	—	0.0022	—
8	2	—	0.0026	—
9	2	—	0.0027	—
10	1	62254	0.0018	14.8980

注:符号"—"表示算法无法在 5 分钟计算时间内收敛。

　　在表 7.2 中,我们列出了 $n=100$ 的小型测试算例实验结果。根据表 7.2 的结果,我们发现:无论是算法 7.2,还是 CPLEX 软件,求解单个问题的计算时间均不超过 0.1 秒。然而,算法 7.2 效率上具有显著优势,在平均计算时间方面比 CPLEX 快了 43 倍。

　　进一步,在表 7.3 中,我们列出了 $n=200$ 的中等规模测试算例实验结果。在该实验结果中,算法 7.2 的计算时间普遍不超过 0.006 秒,但是 CPLEX 在很多算例上的计算时间已经超过了 1 秒钟。另外,我们进一步观察两种算法的迭代次数可以发现,算法 7.2 在求解其中 3 个算例时,仅需要 1 步迭代即可收敛。此时定理 7.2 或定理 7.3 的零间隙条件得到了满足,因此在算法 7.2 在分支定界的根节点处理过程中就已经得到全局最优解。相比之下,CPLEX 在该组算例中的迭代次数均大于 1。

　　最后,在表 7.4 中,我们列出了 $n=500$ 的大规模测试算例实验结果。在该组实验中,本章所提出的算法仍然保持了较高的计算效率,对 10 个测试算例的计算时间普遍不超过 0.01 秒。对比之下,CPLEX 无法在 5 分钟的计算时间内求解大部分测试算例。此时两种算法的计算效率差异已经非常显著。

　　基于上述结果,我们发现,算法 7.2 的计算效率远远高于经典混合整数优化软件 CPLEX。造成上述显著差异的主要原因在于,经典求解软件通常采用连续松弛的方法来计算下界,而本文采用凸包络松弛的方法计算下界。为了对比两种松弛方法造成的显著差异,我们进行如下分析。首先考虑原问题的连续松弛问题,如问题(7.16)所示。在问题(7.16)中,对于目标函数极小化过程,我们固定住 x,并首先对变量 y 极小化。在此基础上,得到关于 y 的极小解

$$y_i = x_i/u_i, i=1,2,\cdots,n \tag{7.72}$$

因此,在问题(7.16)中代入(7.72),可将(7.16)转化为如下问题

$$\min \sum_{i=1}^{n} r_i(x_i)$$
$$\text{s. t. } \sum_{i=1}^{n} x_i = d \tag{7.73}$$

其中

$$r_i(x_i) = \begin{cases} a_i x_i^2 + (b_i + c_i/u_i)x_i, & \text{if } 0 \leqslant x_i \leqslant u_i \\ +\infty, & \text{if } x_i \notin [0, u_i] \end{cases} \tag{7.74}$$

我们假定对任意 $i=1,2,\cdots,n, a_i, c_i \geqslant 0$ 成立,在此基础上,我们对连续松弛问题(7.73)和凸包络松弛问题(7.22)两类松弛方法进行对比。首先考虑函数 $r_i(x_i) - f_i^{**}(x_i)$,对于 $\sqrt{c_i/a_i} < u_i$ 的情形,我们有如下解析式:

$$r_i(x_i) - f_i^{**}(x_i) = \begin{cases} a_i x_i^2 + (c_i/u_i - 2\sqrt{a_i c_i})x_i, & \text{if } 0 \leqslant x_i < \sqrt{c_i/a_i} \\ c_i x_i/u_i - c_i, & \text{if } x_i \in [\sqrt{c_i/a_i}, u_i] \end{cases}$$
$$\tag{7.75}$$

而对于情形 $\sqrt{c_i/a_i} \geqslant u_i$,我们有如下解析式:

$$r_i(x_i) - f_i^{**}(x_i) = a_i x_i^2 - a_i u_i x_i, \text{if } x_i \in [0, u_i] \tag{7.76}$$

针对上述两类情形,均可推出下式成立:

$$r_i(x_i) - f_i^{**}(x_i) \leqslant 0, \forall x_i \in [0, u_i] \tag{7.77}$$

且当 $x_i \in (0, u_i)$ 时,不等号严格成立,即 $r_i(x_i) - f_i^{**}(x_i) < 0$。由此可见,求解松弛问题(7.73)得到的下界往往比求解松弛问题(7.22)的下界更松。除非问题(7.73)存在最优解 x^* 恰好对任意 $i=1,2,\cdots,n$ 满足 $x_i^* \in \{0, u_i\}$,否则问题(7.73)的下界将严格小于问题(7.22)的下界。

7.4.2 启动成本的影响

根据 7.4.1 节相关实验结果可知,针对部分算例,算法 7.1 只需一步迭代即可收敛。针对这些情形,定理 7.2 或定理 7.3 中的零对偶间隙条件得

到了满足。为了对零间隙条件满足的概率进行估计，我们定义集合

$$L = \bigcup_{i=1}^{r} \{w \in \mathbf{R} \mid l(\lambda_i) \leqslant w \leqslant u(\lambda_i)\}, L^c = [0, U] - L \quad (7.78)$$

其中，$\lambda_1, \lambda_2, \cdots, \lambda_r$ 如 7.2.3 节所定义。根据 7.2.3 节中的相关结论，容易证明，若 $d \in L^c$，则定理 7.2 的条件 $\lambda^* \notin \{\lambda_1^1, \lambda_2^1, \cdots, \lambda_n^1\}$ 一定成立。此时算法 7.1 将在一步迭代后收敛。当需求量 d 在区间 $[0, U]$ 上均匀分布时，其满足 $d \in L^c$ 的概率为

$$1 - \frac{\sum_{i=1}^{r} \left[u(\lambda_i) - l(\lambda_i) \right]}{U} \quad (7.79)$$

此外，根据公式 (7.38)，我们可进一步证明

$$\sum_{i=1}^{r} \left[u(\lambda_i) - l(\lambda_i) \right] = \sum_{i=1}^{n} t_i \quad (7.80)$$

其中，t_i 由式 (7.28) 定义。显然，对于 $i = 1, 2, \cdots, n$，若 t_i 越接近零，则 $d \in L^c$ 的概率也将越大。而 t_i 的取值显著依赖于 c_i 的取值。当 c_i 越大，零间隙条件成立的概率往往越小。

下面通过实验研究启动成本 c_i 的参数分布范围对算法效率造成的影响。我们随机生成测试算例如下：我们按照均匀分布的方式对如下变量进行随机采样：

$$a_i \in [0, 0.05], b_i \in [20, 80], u_i \in [100, 300], d \in \left[0, \sum_{i=1}^{n} u_i\right]$$

对于参数 c_i，我们分别考虑 $[50, 100]$，$[450, 500]$，$[950, 1000]$ 和 $[1450, 1500]$ 共 4 种情形。对于每种情形，共随机生成 20 个测试算例，并分别采用算法 7.2 和 CPLEX 软件求解。每组实验的 20 个算例的平均枚举次数和平均迭代时间，以及算法 7.2 经过一步迭代即收敛的算例比例如表 7.5 所列。

表 7.5　参数 c_i 在不同分布下的算法效率研究

问题参数		算法 7.2			CPLEX	
n	c_i	枚举次数	计算时间	概率值	枚举次数	计算时间
100	$[50, 100]$	1.5	0.0007	60%	171.3	0.0280
100	$[450, 500]$	2.3	0.0008	45%	284.3	0.0443
100	$[950, 1000]$	3.3	0.0010	15%	203.4	0.0407
100	$[1050, 1500]$	6.8	0.0015	5%	410.8	0.0632

续表

问题参数		算法 7.2			CPLEX	
n	c_i	枚举次数	计算时间	概率值	枚举次数	计算时间
200	$[50,100]$	1.4	0.0010	70%	634.8	0.1185
200	$[450,500]$	2.1	0.0012	40%	2792.4	0.4766
200	$[950,1000]$	9.0	0.0025	30%	2980.3	0.5070
200	$[1050,1500]$	23.4	0.0053	0%	2586.2	0.4487
500	$[50,100]$	1.3	0.0019	70%	—	—
500	$[450,500]$	2.5	0.0029	30%	—	—
500	$[950,1000]$	4.5	0.0043	20%	—	—
500	$[1050,1500]$	5.6	0.0087	10%	—	—

注：针对 500 维的情形，由于 CPLEX 无法在 5 分钟内求解大部分测试算例，因此相关结果未列出。

表 7.5 中的实验结果表明，参数 c_i 的分布的确对算法 7.2 的计算效率有直接影响。当 c_i 取值比较小时，算法 7.2 平均迭代次数以及平均计算时间相对较小。随着 c_i 增大，计算时间也随之上升，同时，算法一步迭代收敛的算例比例也呈下降趋势。相比之下，随着 c_i 增大，CPLEX 的计算效率也受到一定影响，但并不显著。对于各类情形，算法 7.2 计算效率都明显高于 CPLEX 的计算效率。

7.5　本 章 小 结

机组组合问题是电力系统中的核心问题之一。本章重点研究单阶段机组组合问题（SPUC）的求解算法。该问题可建模为一类混合整数二次规划问题。

在实际应用中，工程人员通常采用现有的求解软件求解（SPUC）问题模型。然而，典型的求解软件，如 CPLEX 等，通常采用连续松弛方法设计问题的凸二次松弛，并由此计算下界。采用上述方法，现有软件通常可在不超过 1 秒钟的计算时间内成功求解 200 维的问题。然而，随着问题维数进一步增加，算法效率很快达到瓶颈。

为了有效求解更大规模的问题，我们充分挖掘问题结构，并设计了特殊的分支定界算法。在算法设计中，我们首先对问题进行重构，将问题

(SPUC)转化为问题(7.18)的形式,并采用拉格朗日对偶方法作为松弛下界。我们证实了拉格朗日对偶松弛的下界比连续松弛下界更紧。进一步,利用凸分析相关原理,我们挖掘拉格朗日对偶问题与原问题目标函数的凸包络松弛方法之间的联系,并充分利用问题目标函数凸包络的几何结构,设计了复杂度为 $O(n\log n)$ 的下界算法,并由此进一步实现了求解(SPUC)的分支定界算法。实验证实:采用上述方法,我们可以在不超过 0.01 秒的计算时间内求解 500 维的测试算例。上述实验结果表明,针对问题(SPUC),本章所提出的算法计算效率远远高于 CPLEX 等经典软件。

第8章 单组多播波束形成问题的全局优化算法

单组多播波束形成是通信系统中的一类典型信号处理技术,在多媒体音视频广播领域具有重要应用。在具体实现中,通常将问题建模为复变量二次规划模型,并通过求解该模型得到系统最优参数。在第 5 章和第 6 章,我们讨论了带有模约束和辐角约束的复变量二次规划问题的全局优化算法设计策略,其中,基于辐角切分的分支策略是处理复变量问题的一类有效策略。在本章,我们对该策略进行扩展,进一步设计求解单组多播波束形成问题的高效率分支定界算法。

8.1 问 题 介 绍

我们首先介绍单组波束成形问题的二次规划模型。假设现有一基站,该基站有 N 个天线,在 t 时刻将数据 s_t 同时发送至 M 个用户,每个用户的接收设备只安装一个天线。令 $\hat{h}_k \in \mathbb{C}^N$ 表示从发射基站的 N 个发射天线到第 k 个接收端的信道参数向量。假设发射端的信号 s_t 具有零均值和单位方差,发射端产生阵列信号 $s_t w$,其中 $w \in \mathbb{C}^N$。在第 k 个接收端,接收到的信号可表示为

$$y_k(t) = s_t \hat{h}_k^H w + n_t \tag{8.1}$$

式中:n_t 表示在第 k 个接收端的噪声干扰信号(通常假定 n_t 为零均值的高斯白噪声信号)。

记噪声信号的功率为 σ_k^2,则在第 k 个接收端的信噪比为

$$\mathrm{SNR}_k = |w^H \hat{h}_k|^2 / \sigma_k^2 \tag{8.2}$$

在系统设计中,为了保证用户接收信号达到满意的质量,我们要求每个接收端处的信噪比不低于给定的阈值 ρ_k,即要求

$$|w^H \hat{h}_k|^2 / \sigma_k^2 \geqslant \rho_k, k = 1, 2, \cdots, M \tag{8.3}$$

同时,我们希望系统传输功率达到最小值,即使得 $w^H w$ 最小化。由此,问题的优化模型可写为如下复变量二次规划问题:

$$\min w^{\mathrm{H}}w$$

$$\text{s. t. } |w^{\mathrm{H}}h_k|^2/\sigma_k^2 \geqslant \rho_k, k=1,2,\cdots,M \tag{8.4}$$

其中，w 为问题决策变量。简单起见，令

$$h_k = \hat{h}_k/\sqrt{\rho_k\sigma_k^2} \tag{8.5}$$

则约束条件（8.3）等价于

$$|w^{\mathrm{H}}h_k|^2 \geqslant 1, \forall k=1,2,\cdots,M \tag{8.6}$$

由此，我们将问题（8.4）简化为如下形式：

$$\min w^{\mathrm{H}}w$$

$$\text{s. t. } |w^{\mathrm{H}}h_k|^2 \geqslant 1, k=1,2,\cdots,M \tag{8.7}$$

可以证明，问题（8.7）是 NP-hard 的[34]。

8.2　相关近似算法介绍

针对单组多播波束形成问题，在工程实践中求解问题（8.7）最常用的方法包括各类基于凸优化技术或局部优化技术的近似算法。在这一节，我们对现有文献中的一系列典型的近似算法进行简要介绍。

在各类近似算法中，最典型的近似算法之一就是基于半正定松弛的近似算法。对于问题（8.7），我们引入矩阵 $W=ww^{\mathrm{H}}$，并将约束条件（8.6）转化为

$$H_k \cdot W \geqslant 1, k=1,2,\cdots,M$$

$$W \geqslant 0, \operatorname{rank}(W)=1 \tag{8.8}$$

其中

$$H_k = h_k h_k^{\mathrm{H}} \in \mathbb{C}^{N \times N}, W=ww^{\mathrm{H}} \in \mathbb{C}^{N \times N} \tag{8.9}$$

通过对秩一约束 $\operatorname{rank}(W)=1$ 进行松弛，可得到如下半正定规划问题：

$$\min \operatorname{Trace}(W)$$

$$\text{s. t. } H_k \cdot W \geqslant 1, k=1,2,\cdots,M$$

$$W \geqslant 0 \tag{8.10}$$

若问题（8.10）的最优解 W^* 的秩等于一，则存在分解 $W^*=w^*(w^*)^{\mathrm{H}}$，此时 $w^* \in \mathbb{C}^N$ 一定是原问题的全局最优解。但是，由于问题（8.7）是非凸问题，且不具备隐凸性，对其进行半正定松弛通常会引入非零松弛间隙。在此情况下，我们无法直接通过分解 W^* 得到原问题的全局最优解。在经典的基于半正定松弛技术的近似算法中，通常根据 W^* 随机生成近似解：以零向量作为均值，以 W^* 作为协方差矩阵，随机产生服从高斯分布的样本 $\widetilde{w}$，再

对随机样本进行尺度调整,构造问题(8.7)的近似解 $\widetilde{w}=\text{Scale}(\overline{w})$,其中

$$\text{Scale}(\overline{w})=\overline{w}/\alpha,\alpha=\min\{|h_1^{\text{H}}\overline{w}|,|h_2^{\text{H}}\overline{w}|,\cdots,|h_k^{\text{H}}\overline{w}|\} \tag{8.11}$$

上述随机采样过程通常重复执行多次,由此产生问题(8.7)的多个近似解,在此基础上,取其中目标值最小的解作为最终近似解。关于上述近似算法的近似比理论结果,可参阅文献[34]。本章后续实验部分将进一步研究该方法的实际计算效果。

除了基于半正定松弛的近似算法外,另一类非常典型的算法是逐步线性逼近算法,即 SLA(Successive Linear Approximation)算法。该算法是一类迭代算法,通过迭代策略搜索问题的局部最优解,直到最终得到问题的KKT 点。在 SLA 算法中,通常对约束条件 $|w^{\text{H}}h_k|^2\geqslant 1$ 进行线性逼近。具体来说,首先引入实数辅助变量

$$v_k=\left[\text{Re}(h_k^{\text{H}}w),\text{Im}(h_k^{\text{H}}w)\right]^{\text{T}},k=1,2,\cdots,M \tag{8.12}$$

在此基础上,假设第 n 次迭代后得到的迭代点为 $\{v_k^n|k=1,2,\cdots,M\}$,我们对约束条件 $|w^{\text{H}}h_k|^2\geqslant 1$ 的左端项进行一阶泰勒逼近,由此得到近似表示:

$$\|v_k^n\|^2+2\,(v_k^n)^{\text{T}}(v_k-v_k^n)\geqslant 1 \tag{8.13}$$

进一步,我们构造如下形式的近似问题:

$$\min_{w,v} w^{\text{H}}w$$
$$\text{s.t. } \|v_k^n\|^2+2\,(v_k^n)^{\text{T}}(v_k-v_k^n)\geqslant 1,k=1,2,\cdots,M \tag{8.14}$$
$$v_k=\left[\text{Re}(h_k^{\text{H}}w),\text{Im}(h_k^{\text{H}}w)\right]^{\text{T}},k=1,2,\cdots,M$$

通过求解逼近问题(8.14),得到最优解 (w^*,v^*),我们令 v^* 作为新的迭代点,再次构造原问题在迭代点 $\{v_k^{n+1}|k=1,2,\cdots,M\}$ 处的局部逼近问题并得到新的迭代点。以此类推,直到迭代序列收敛到问题 KKT 点为止。

关于 SLA 算法的收敛性,文献[100]从理论上证明了算法产生的迭代点列一定收敛到原问题的 KKT 点。但是,SLA 算法也有一定的局限性:由于算法基于局部搜索的思想,迭代点一旦收敛到某个局部最优解后,将无法进一步改进。因此,对于非凸问题,当局部最优解的个数较多的时候,算法有可能落入较差的局部最优解。由此可见,SLA 算法最终得到的解的质量将受到初始点的影响。为了在实际应用中得到高质量局部最优解,一类有效的策略就是随机产生不同的初始解,并多次运行 SLA 算法得到多个局部最优解,在此基础上选取最好的局部最优解。关于 SLA 算法的近似比,现有文献尚未给出严格的理论分析,但是,文献[100]通过数值实验对该算法进行测试,并证实了:与半正定松弛方法相比,SLA 算法往往得到质量更高的近似解。

除了上述两类最典型的近似算法外,文献中还有一些其他类型的次优

算法。例如，文献［101］提出了 AM 算法（Alternating Maximization Algorithm）。在 AM 算法中，首先将原问题转化为含有秩一约束的半正定规划问题，在此基础上采用交替上升策略搜索问题的局部最优解。文献［101］的数值实验部分对 AM 算法和半正定松弛算法进行了比较，相关实验结果证实了 AM 算法通常得到更好的近似解。但是，文献［102］的实验进一步对比了 AM 算法和 SLA 算法，并得到如下结论：AM 算法的计算复杂度比 SLA 算法更高，而且得到的近似解的质量通常不如 SLA 算法得到的解的质量。

近年来，随着大规模阵列信号处理技术的普及，人们也越来越关注大型问题的实时求解方法。针对单组多播波束成形问题，文献［103-107］提出了各类快速求解算法。虽然这些快速近似算法得到的近似解的质量往往比不上半正定松弛方法得到的解的质量，但是其求解效率却比半正定松弛近似算法和 SLA 算法高得多，因此更适合现代大规模天线阵列信号处理应用场景。

上文介绍的方法均为近似算法或局部优化算法，这些算法无法确保得到问题的全局最优解。而在一些具体的应用场景下，如果对算法实时率要求不是特别高，则可考虑采用相对有效的全局优化方法对问题进行求解，由此实现能够达到功率理论最小值的系统。

在本章，我们针对单组多播波束形成问题设计一类特殊的分支定界算法。实际上，由于该问题和第 5 章、第 6 章两章讨论的几类复变量二次规划问题具有完全不同的结构，因此，上述章节所提出的各类复变量二次规划问题求解方法无法直接应用于该问题。但是，在上述章节提出的辐角切分策略经过扩展后，可应用于单组多播波束形成问题。本节将对该策略进行扩展，由此提出一类有效的辐角割平面算法。

8.3　基于辐角割平面的凸二次松弛方法

我们首先利用问题（8.7）的结构特点设计凸二次松弛方法。在问题（8.7）中，约束条件 $|h_k^H w|^2 \geqslant 1$ 等价于 $|h_k^H w| \geqslant 1$。对 $k=1,2,\cdots,M$，引入变量 $c_k = h_k^H w$。由此将问题（8.7）转化为如下形式：

$$\min w^H w$$
$$\text{s. t. } c_k = h_k^H w, |c_k| \geqslant 1, k=1,2,\cdots,M \tag{8.15}$$

容易验证上述问题变量具有旋转不变性，即当 w 为上述问题的可行解时，则对任意 $\theta \in \mathbf{R}, e^{i\theta} w$ 仍然为问题的可行解，且与 w 具有相同的目标值。因此,对于可行解 w,我们总能找到恰当的实数 $\theta \in \mathbf{R}$,使得 $e^{i\theta} h_k^{\mathrm{H}} w$ 为非负实数。不失一般性,我们假定 $h_M^{\mathrm{H}} w \geqslant 1$,并由此构造如下问题:

$$\min \ w^{\mathrm{H}} w$$
$$\text{s. t. } c_k = h_k^{\mathrm{H}} w, |c_k| \geqslant 1, k = 1, 2, \cdots, M-1 \qquad (8.16)$$
$$h_M^{\mathrm{H}} w \geqslant 1$$

在上述问题中,我们将 c_M 的辐角固定为零,由此在问题最优值不受影响的情况下降低了变量的自由度。虽然上述过程仅对最后一个变量的辐角自由度进行了限制,但是,通过打破辐角对称性,对提高分支定界算法的整体效率具有重要作用。

经过上述变形后,在问题(8.16)中,非凸约束只剩下如下约束:

$$|c_k| \geqslant 1, k = 1, 2, \cdots, M-1 \qquad (8.17)$$

为了得到问题(8.16)的凸松弛,我们只需要考虑针对这些非凸约束设计有效的凸松弛方法。为此,我们考虑集合 $\{c_k \in \mathbb{C} \mid |c_k| \geqslant 1\}$。该集合对应复平面单位圆外的区域构成的集合(包括单位圆边界)。显然,该集合的凸包是整个复平面。若对该集合直接进行凸松弛,可得到如下形式的凸松弛问题:

$$\min \ w^{\mathrm{H}} w$$
$$\text{s. t. } h_M^{\mathrm{H}} w \geqslant 1 \qquad (8.18)$$

在上述凸松弛中,可行域将被显著扩大,得到的松弛效果很不理想。但是,我们不妨以此作为分支定界过程的初始松弛方法,并在后续分支过程中,通过对可行域进行划分,并逐渐挖掘新的有效不等式对松弛方法进行改进。

进一步,我们考虑如何改进松弛方法。如第 5 章和第 6 章介绍,针对复变量二次规划问题,一类典型的分支策略就是选择极坐标变量作为分支变量。特别是针对单位模约束二次规划问题,可选择辐角变量作为分支变量。针对本章的问题情形,我们进一步扩展辐角切分策略。为此,我们考虑如下集合:

$$D^{[l_k, u_k]} = \{(x_k, y_k) \mid x_k = \mathrm{Re}(c_k), y_k = \mathrm{Im}(c_k), |c_k| \geqslant 1, \arg c_k \in [l_k, u_k]\}$$
$$(8.19)$$

其中,我们假定 $[l_k, u_k] \subseteq [0, 2\pi]$,且 $u_k - l_k < \pi$。我们考虑 $\mathrm{conv}(D^{[l_k, u_k]})$ 所具有的结构。

引理 8.1　若 $[l_k, u_k] \subseteq [0, 2\pi]$,且 $u_k - l_k < \pi$,则

$$\mathrm{conv}(D^{[l_k, u_k]}) = \left\{ (x, y) \left| \begin{array}{l} \sin(l_k) x - \cos(l_k) y \leqslant 0 \\ \sin(u_k) x - \cos(u_k) y \geqslant 0 \\ a_k x + b_k y \geqslant a_k^2 + b_k^2 \end{array} \right. \right\} \qquad (8.20)$$

其中

$$a_k = \frac{\cos l_k + \cos u_k}{2}, b_k = \frac{\sin l_k + \sin u_k}{2} \tag{8.21}$$

证明：容易验证，在条件 $[l_k, u_k] \subseteq [0, 2\pi]$ 和 $u_k - l_k < \pi$ 下，集合 $\mathrm{conv}(D^{[l_k \cdot u_k]})$ 对应的区域含有两个极点：

$$A = [\cos u_k, \sin u_k], B = [\cos l_k, \sin l_k]$$

令 O 表示复平面坐标原点，容易验证，$\mathrm{conv}(D^{[l_k \cdot u_k]})$ 恰好为直线 OA、直线 OB 和直线 AB 所张成的外侧阴影区域（图 8.1）。上述三条直线对应的解析式可分别表示为

$$\sin(l_k)x - \cos(l_k)y = 0, \sin(u_k)x - \cos(u_k)y = 0, a_k x + b_k y = a_k^2 + b_k^2$$
$$\tag{8.22}$$

由此得到阴影区域的解析表达式，证毕。

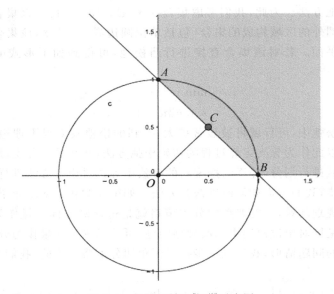

图 8.1　松弛区域 $D^{[0, \pi/2]}$ 示意图

为了直观展示引理 8.1 的结论，我们考虑一类具体情形。令 $[l_k, u_k] = [0, \pi/2]$。针对该情形，我们有

$$D^{[0, \pi/2]} = \{(x, y) \mid x \geq 0, y \geq 0, \sqrt{x^2 + y^2} \geq 1\} \tag{8.23}$$

其凸包为

$$\mathrm{conv}(D^{[0, \pi/2]}) = \{(x, y) \mid x \geq 0, y \geq 0, x + y \geq 1\} \tag{8.24}$$

具体结构如图 8.1 中阴影区域所示。进一步，我们引入符号

$$F^{[l_k \cdot u_k]} = \{c \mid (\mathrm{Re}(c), \mathrm{Im}(c)) \in \mathrm{conv}(D^{[l_k \cdot u_k]})\} \tag{8.25}$$

并设计如下形式的凸二次规划问题：

$$\min w^{\mathrm{H}} w$$
$$\text{s. t. } c_k = h_k^{\mathrm{H}} w, k = 1, 2, \cdots, M-1$$
$$c_k \in F^{[l_k, u_k]}, k = 1, 2, \cdots, M-1 \tag{ACR}$$
$$h_M^{\mathrm{H}} w \geqslant 1$$

容易验证，集合 $F^{[l_k, u_k]}$ 的解析表达式具有如下三种可能。

1）当 $u_k - l_k > \pi$，$F^{[l_k, u_k]}$ 为整个复平面，约束条件 $c_k \in F^{[l_k, u_k]}$ 可忽略。

2）当 $u_k - l_k = \pi$，$F^{[l_k, u_k]}$ 为过原点的直线所切出来的某个半平面，约束条件 $c_k \in F^{[l_k, u_k]}$ 可表示为单个线性不等式约束。

3）当 $u_k - l_k < \pi$，$F^{[l_k, u_k]}$ 为多面集，约束条件 $c_k \in F^{[l_k, u_k]}$ 可表示为三个线性不等式约束，具体解析表达式由引理 8.1 给出。

我们将松弛问题（ACR）中的复变量的实部和虚部看作独立变量，将其转化为实变量二次规划问题，则转化后的问题具有 $2N + 2M - 2$ 个独立实数变量，$2M - 1$ 个线性等式约束，以及最多不超过 $3M - 2$ 个线性不等式约束（特别注意约束条件 $h_M^{\mathrm{H}} w \geqslant 1$ 实际上包含线性不等式约束 $\mathrm{Re}(h_M^{\mathrm{H}} w) \geqslant 1$ 和线性等式约束 $\mathrm{Im}(h_M^{\mathrm{H}} w) = 0$）。（ACR）松弛的下界质量虽然不如半正定松弛的下界质量，但其求解复杂度远低于半正定松弛问题的求解复杂度。

在松弛问题（ACR）中，通过辐角信息得到的约束条件主要由 $c_k \in F^{[l_k, u_k]}$ 所体现。对于辐角范围满足 $u_k - l_k \leqslant \pi$ 的情形，约束条件 $c_k \in F^{[l_k, u_k]}$ 可表示为线性约束，我们称该线性约束为辐角割平面约束。为了对辐角割平面约束所起到的改进作用进行量化描述，我们给出如下引理。

引理 8.2　若 $[l_k, u_k] \subseteq [0, 2\pi]$，且 $u_k - l_k < \pi$，则对任意 $c_k \in F^{[l_k, u_k]}$，有

$$|c_k| \geqslant \cos\left(\frac{u_k - l_k}{2}\right) \tag{8.26}$$

证明：如引理 8.1 证明过程所示，集合 $\mathrm{conv}(D^{[l_k, u_k]})$ 对应的区域含有两个极点：

$$A = (\cos u_k, \sin u_k), B = (\cos l_k, \sin l_k)$$

容易验证，原点 O 到集合 $\mathrm{conv}(D^{[l_k, u_k]})$ 的最近点一定是线段 AB 的中点，即

$$\left(\frac{\cos l_k + \cos u_k}{2}, \frac{\sin l_k + \sin u_k}{2}\right) \tag{8.27}$$

而该点到原点的距离为 $\cos\left(\frac{u_k - l_k}{2}\right)$，引理得证。

8.4 分支定界算法

引理 8.2 告诉我们，当采用（ACR）松弛后，若辐角区间 $[l_k, u_k]$ 的长度趋近于零，则在约束 $c_k \in F^{[l_k, u_k]}$ 下，点 c_k 的模的下界将趋近于一。由此可见，在（ACR）松弛的基础上，我们只需要选择辐角变量作为分支变量（而不需要考虑模变量），即可使得算法最终收敛。基于上述观察，我们进一步设计分支定界算法。

为了便于描述，我们在本节定义如下符号，令

$$A = \prod_{k=1}^{M-1} [l_k, u_i] \tag{8.28}$$

表示 $\mathbf{R}^{M-1}$ 空间中的矩形区域。该区域对应复变量 $c_1, c_2, \cdots, c_{M-1}$ 辐角的可行区域。由于（ACR）松弛问题的具体定义依赖于集合 A，我们以 ACR(A) 表示基于矩形区域 A 定义的（ACR）松弛问题。在分支定界算法中，以矩形区域

$$A^0 = \prod_{k=1}^{M-1} [0, 2\pi] \tag{8.29}$$

作为辐角初始取值范围。对于具体的集合 A，引入四元组 $\{A, w, c, \bar{w}, L\}$ 表示分支节点，其中 (w, c) 和 L 分别表示 ACR(A) 的最优解和最优值，$\bar{w} =$ Scale(w) 为扰动可行解，其中 Scale($\cdot$) 由式(8.11)定义。以 t 表示分支定界算法枚举过程的迭代次数。以 w^* 表示当前已知的目标值最小的扰动可行解，U^* 表示 w^* 对应的目标值。采用上述符号，我们在图 8.2 中给出辐角割平面算法（简记为 ACR-BB 算法）。

辐角割平面算法最终得到问题的 ε-相对最优解，即以 $(U^* - L^t)/L^t \leqslant \varepsilon$ 作为收敛条件。接下来，我们对算法的收敛性进行理论分析。我们首先给出如下引理。

引理 8.3 对于 ACR-BB 算法，以 $\{A^t, w^t, c^t, L^t\}$ 表示第 t 轮迭代过程中对应的分支子节点，令

$$k^* = \arg \min_{k \in \{1, 2, \cdots, M-1\}} \{|c_k^t|\} \tag{8.30}$$

若 $u_{k^*}^t - l_{k^*}^t \leqslant 2\delta$，其中，

$$\delta = \arccos\left(\frac{1}{\sqrt{1+\varepsilon}}\right) \tag{8.31}$$

则算法在第 t 轮迭代过程一定终止。

证明：在条件 $u_{k^*}^t - l_{k^*}^t \leqslant 2\delta$ 下，根据引理 8.2，可得

输入 问题(8.7)实例，误差界$\epsilon > 0$.

1: 令$\mathcal{P} = \varnothing$，$A^0 = \prod\limits_{k=1}^{M-1}[l_k^0, u_k^0] = [0, 2\pi]^{M-1}$，$t = 0$.

2: 求解ACR(A^0)，得到最优解(w^0, c^0)和最优值L^0.

3: 计算扰动解$\hat{w}^0 = \text{Scale}(w^0, c^0)$.

4: 令$U^* = \|\hat{w}^0\|^2$，$w^* = \hat{w}^0$.

5: 将节点$\{A^0, w^0, c^0, \hat{w}^0, L^0\}$插入$\mathcal{P}$.

6: **loop**

7: 　更新$t \leftarrow t + 1$.

8: 　从集合$\mathcal{P}$中选择节点$\{A^t, w^t, c^t, \hat{w}^t, L^t\}$，其中$L^t$是$\mathcal{P}$中各节点对应的最小下界值.

9: 　将选中的节点从$\mathcal{P}$中删除.

10: 　**if** $(U^* - L^t)/L^t < \epsilon$ **then**

11: 　　返回w^*，算法终止.

12: 　**end if**

13: 　计算$k^* = \arg\min\limits_{k \in \{1, 2, \cdots, M-1\}}\{|c_k^t|\}$，$z_{k^*}^t = \frac{1}{2}(l_{k^*}^t + u_{k^*}^t)$.

14: 　将A^t划分为子集合$A_l^t = \{\theta \in A^t \mid \theta_{k^*} \leqslant z_{k^*}^t\}$和$A_r^t = \{\theta \in A^t \mid \theta_{k^*} \geqslant z_{k^*}^t\}$.

15: 　求解ACR(A_l^t)，得到最优解(w_l^t, c_l^t)和最优值L_l^t.

16: 　计算扰动解$\hat{w}_l^t = \text{Scale}(w_l^t, c_l^t)$.

17: 　**if** $L_l^t \leqslant U^t$ **then**

18: 　　将节点$\{A_l^t, w_l^t, c_l^t, \hat{w}_l^t, L_l^t\}$插入$\mathcal{P}$.

19: 　**end if**

20: 　**if** $U^* > \|\hat{w}_l^t\|^2$ **then**

21: 　　更新$U^* = \|\hat{w}_l^t\|^2$，$w^* = \hat{w}_l^t$.

22: 　**end if**

23: 　求解ACR(A_r^t)，得到最优解(w_r^t, c_r^t)和最优值L_r^t.

24: 　计算扰动解$\hat{w}_r^t = \text{Scale}(w_r^t, c_r^t)$.

25: 　**if** $L_r^t \leqslant U^t$ **then**

26: 　　将节点$\{A_r^t, w_r^t, c_r^t, \hat{w}_r^t, L_r^t\}$插入$\mathcal{P}$.

27: 　**end if**

28: 　**if** $U^* > \|\hat{w}_r^t\|^2$ **then**

29: 　　更新$U^* = \|\hat{w}_r^t\|^2$，$w^* = \hat{w}_r^t$.

30: 　**end if**

31: **end loop**

图 8.2　ACR-BB算法的伪代码

$$|c_{k^*}^t| \geqslant \cos\left(\frac{u_{k^*}^t - l_{k^*}^t}{2}\right) \geqslant \frac{1}{\sqrt{1+\epsilon}} \tag{8.32}$$

根据k^*的选取方式，可知对任意$i = 1, 2, \cdots, M-1$，不等式$|c_i^t| \geqslant$

$|c_k^{t^*}|$ 成立,因此,

$$|c_i^t| \geqslant \frac{1}{\sqrt{1+\varepsilon}}, \forall i = 1, 2, \cdots, M-1 \tag{8.33}$$

进一步,对于产生可行解的尺度变换过程,我们有

$$\|\hat{w}^t\|^2 = \left(\frac{\|w^t\|}{\min\{|c_1^t|, |c_2^t|, \cdots, |c_{M-1}^t|, 1\}}\right)^2 \leqslant \|w^t\|^2(1+\varepsilon) \tag{8.34}$$

由于 $U^* \leqslant \|\hat{w}^t\|^2 \leqslant \|w^t\|^2(1+\varepsilon) = L^t(1+\varepsilon)$,由此可进一步推出

$$\frac{U^* - L^t}{L^t} \leqslant \frac{L^t(1+\varepsilon) - L^t}{L^t} = \varepsilon \tag{8.35}$$

因此,算法在第 t 轮迭代过程满足终止条件。证毕。

根据引理 8.3,我们最终给出算法收敛性的证明。

定理 8.1 对于给定的波束成形问题实例,以及任意给定的误差界 $\varepsilon > 0$,算法在最多不超过

$$T = \left\lceil \left(\frac{2\pi}{\delta}\right)^{M-1} \right\rceil + 1 \tag{8.36}$$

次迭代后一定收敛,并返回 ε-相对最优解。

证明:根据引理 8.3,若 $u_{k^*}^t - l_{k^*}^t \leqslant 2\delta$ 成立,则算法在第 t 轮迭代后一定终止,并返回 ε-近似最优解。反之,若迭代到第 t 轮算法尚未收敛,则必有 $u_{k^*}^t - l_{k^*}^t > 2\delta$,进一步,区间 $[l_{k^*}^t, u_{k^*}^t]$ 将被等分成两个子区间,其中每个子区间的长度一定大于 δ。由此可见,随着分支定界过程对原始集合 A^0 不断进行划分,并产生多个矩形子集合,其中,对于任意子集合

$$A = \prod_{k=1}^{M-1} [l_k, u_k]$$

以及任意 $k = 1, 2, \cdots, M-1$,均有 $u_k - l_k > \delta$。因此,集合 A 的体积一定大于 δ^{M-1}。

假设算法在 T 轮循环后未收敛,则在第 T 轮循环初始阶段,原始集合 A^0 已被划分为 T 个子集合。这些子集合体积之和将大于 $T\delta^{M-1}$。由于 $T\delta^{M-1} > (2\pi)^{M-1}$,即划分后的 T 个子集合的体积之和大于 A^0 的体积,由此产生矛盾。因此,算法一定在不超过 T 轮循环后收敛,并返回 ε-相对最优解。

8.5 数值实验

本节将通过数值实验对 ACR-BB 算法性能进行评价。我们首先对比

ACR-BB 算法与经典的全局优化软件 BARON 的计算效率,然后以 ACR-BB算法作为基线系统,对传统近似算法的近似解进行评估。

本节的所有数值实验均按照如下方式生成测试算例:对于给定的 N 和给定的 M,首先生成向量 $h_i \in \mathbb{C}^N, i=1,2,\cdots,M$,其中向量 h_i 各项独立同分布,按照标准复高斯分布随机采样。在具体实现过程中,我们基于 MATLAB 平台实现 ACR-BB 算法,并采用 MATLAB 自带的二次规划接口"quadprog"调用内点算法求解凸二次规划松弛问题。

8.5.1 ACR-BB 算法计算效率评估

我们首先对 ACR-BB 的算法效率进行评估。为此,我们生成测试算例,并采用 ACR-BB 算法对其进行求解。此外,我们也将所有测试算例转化为实变量二次规划问题,并采用 BARON 对其进行求解。在所有实验中,相对误差界限设置为 $\varepsilon = 0.005$。

在第一轮实验中,我们令 $N=2, M=8$,生成 10 组测试算例,并分别采用 ACR-BB 算法和 BARON 软件对其进行求解。相关结果(包括算法返回的最优值、枚举次数、计算时间)如表 8.1 所示。基于上述实验结果,我们发现:针对问题(8.7),本章所提出的 ACR-BB 算法计算效率显著优于 BARON 软件,ACR-BB 算法的平均计算时间比 BARON 软件少 366 倍。

表 8.1 ACR-BB 算法与 BARON 软件的计算效率对比

算例编号	ACR-BB			BARON		
	目标值	迭代次数	计算时间	目标值	迭代次数	计算时间
1	1.2344	90	0.7	1.2344	6297	327.9
2	1.1412	40	0.2	1.1412	2449	147.4
3	1.3541	68	0.4	1.3541	2917	94.5
4	1.4251	49	0.3	1.4251	2847	261.5
5	1.4136	61	0.4	1.4136	1825	49.8
6	0.8540	40	0.3	0.8540	1303	31.9
7	0.9777	48	0.3	0.9777	457	19.0
8	5.2469	1	0.1	5.2469	4305	58.4
9	11.9555	16	0.1	11.9555	5358	87.1
10	1.3258	62	0.4	1.3258	653	26.5

算例编号	ACR-BB			BARON		
	目标值	迭代次数	计算时间	目标值	迭代次数	计算时间
平均值	2.6928	47.5	0.3	2.6928	2821.1	110.4

除上述小规模问题情形外,我们也试图生成不同维数的测试算例,对两种方法进一步对比。然而,即使对于 $N=4, M=8$ 的问题情形,BARON 软件的求解效率已经非常慢(针对大部分算例,计算时间超过了 180 秒),相比之下,针对该情形,ACR-BB 算法仍然达到了非常高的求解效率(如本节后续结果所示)。因此,BARON 软件作为采用基于线性松弛技术的分支定界算法的典型软件,只能求解小规模的问题情形。对规模稍大的问题情形,其计算效率不具备实用价值。

关于造成 ACR-BB 算法和 BARON 软件计算效率差异的主要原因,我们给出如下分析。首先,ACR-BB 算法采用辐角切分策略,并利用辐角割平面不断提高凸二次松弛问题的下界紧度,因此达到了理想的计算效率。相比之下,当我们采用 BARON 软件对问题进行求解时,首先需要将复变量问题转化为实变量问题,在分支过程中,分支过程以实变量作为分支变量,不利于进一步挖掘有效不等式,因此无法得到较理想的下界。

进一步,我们生成不同维数的测试算例,对 ACR-BB 算法效率进行评估,我们将不再对比 ACR-BB 算法和 BARON 软件的效率。我们考虑

$$N \in \{2,4,8\}, M \in \{8,16,24,32,40,48,56,64\}$$

等情形,按照 18 种不同的参数组合生成测试算例。对于每组特定的 (N, M),我们随机生成 50 个测试算例,并采用 ACR-BB 算法对算例进行求解,其中相对误差界限设置为 $\varepsilon = 0.005$。针对每组配置下的 50 个测试算例,ACR-BB 算法的平均枚举次数、平均计算时间、最大枚举次数、最大计算时间分别如表 8.2 所列。

根据表 8.2 的实验结果,可以发现,当参数 (N, M) 相对比较小时,ACR-BB 算法可达到非常高的求解效率,特别对于 $N=2, M \leqslant 64$ 的各类情形,ACR-BB 算法的最坏情形计算时间均不超过 2.4 秒。对于 $N=4, M \leqslant 16$ 的问题情形,ACR-BB 算法的平均计算时间小于 20 秒。对于 $N=4, M \leqslant 40$ 的问题情形,ACR-BB 算法的平均计算时间不超过 185 秒,而最坏情形计算时间不超过 7 分钟。这些计算时间还是有重要实际意义的,特别是当信道参数相对比较稳定时,通过更长的计算时间得到问题的全局最优解,可实现理论上最低的功率(相比之下,经典的近似算法无法利用更长的计算时间确保得到问题的全局最优解)。对于 (N, M) 相对较大的情形,例

如，$N=8$，$M=16$ 的情形，ACR-BB 算法的计算时间也相对较长（平均计算时间为 1396.9 秒，而最坏情形计算时间已经超过了 1 个小时）。针对这些情形，算法效率通常无法满足实时应用，但是，对于固定信道情形，我们可以预先采用 ACR-BB 算法求解最优参数并存入系统中，从而满足实际应用。

表 8.2　ACR-BB 算法计算效率评估实验

参数配置 (N,M)	平均性能		最坏情形计算性能	
	迭代次数	计算时间	迭代次数	计算时间
(2,8)	47.9	0.3	103	1.7
(2,16)	72.7	0.5	147	1.0
(2,24)	100.6	0.6	201	1.2
(2,32)	136.0	0.9	225	1.4
(2,40)	151.3	1.0	298	2.0
(2,48)	171.7	1.2	278	1.8
(2,56)	199.9	1.4	343	2.3
(2,64)	215.4	1.5	341	2.4
(4,8)	330.1	2.8	886	8.1
(4,16)	1721.2	16.6	3763	37.8
(4,24)	4492.1	46.4	11627	125.8
(4,32)	8579.6	98.2	17442	216.0
(4,40)	16108.7	184.9	34675	419.9
(6,8)	1728.6	21.5	6388	83.4
(6,16)	13233.1	199.9	36804	593.3
(6,24)	63691.6	1159.7	175041	3679.3
(8,8)	2090.0	30.1	6301	95.1
(8,16)	64168.9	1396.9	235309	5786.3

8.5.2　近似算法的近似比实验评估

ACR-BB 算法作为专门求解单组波束形成问题的分支定界算法，不仅为我们提供了全局优化求解策略，也为我们提供了基线测试系统，通过求解问题的全局最优解，帮助我们对经典的近似算法和次优算法的近似比进行经验估计。本节，我们将采用 ACR-BB 算法作为基线系统，对经典的半正定松弛近似算法(本节将该算法简称为 SDR 算法)和 SLA 算法的近似比进行经验估计。

在算法实现过程中,按照文献[34]的描述实现 SDR 算法,按照文献[100]的描述实现 SLA 算法。此外,我们采用 PC-BB 算法计算问题的全局最优解(相对误差为 $\varepsilon = 0.005$),并对不同的 (N, M) 组合生成随机测试算例,对于每组特定的 (N, M),共生成 50 个测试算例,由此对近似算法的近似比进行经验评估。为此,我们定义近似算法的相对近似误差为

$$\frac{v_A - \bar{v}}{\bar{v}} \tag{8.37}$$

其中,v_A 表示某近似算法 A 得到的近似解目标值,$\bar{v}$ 表示 ACR-BB 算法得到的(在相对误差界限内的)全局最优值。针对每组测试算例,$\bar{v}$ 和 v_A 在 50 个算例上进行平均,在此基础上计算相对近似误差,实验结果如表 8.3 所列。

表 8.3　近似算法近似比评估实验

参数配置 (N, M)	平均目标值			平均相对松弛间隙	
	ACR-BB	SLA	SDR	SLA	SDR
(2,8)	1.629	1.629	1.642	0.02%	0.79%
(2,16)	2.800	2.803	2.827	0.10%	0.96%
(2,24)	3.389	3.398	3.463	0.26%	2.20%
(2,32)	4.457	4.489	4.642	0.73%	4.16%
(2,40)	5.720	5.731	5.871	0.20%	2.65%
(2,48)	5.679	5.739	5.892	1.06%	3.77%
(2,56)	5.461	5.491	5.758	0.55%	5.44%
(2,64)	5.914	5.967	6.291	0.89%	6.37%
(4,8)	0.514	0.525	0.577	2.01%	12.17%
(4,16)	0.837	0.902	1.121	7.83%	33.97%
(4,24)	1.132	1.256	1.710	10.95%	51.03%
(4,32)	1.328	1.587	2.045	19.48%	54.04%
(4,40)	1.525	1.770	2.587	16.08%	69.64%
(6,8)	0.334	0.341	0.393	2.30%	17.75%
(6,16)	0.531	0.578	0.799	8.90%	50.39%
(6,24)	0.667	0.779	1.113	16.77%	66.99%

续表

参数配置 (N,M)	平均目标值			平均相对松弛间隙	
	ACR-BB	SLA	SDR	SLA	SDR
(8,8)	0.246	0.253	0.278	2.95%	12.93%
(8,16)	0.376	0.420	0.618	11.68%	64.11%

表 8.3 给出的实验结果说明,对于 (N,M) 比较小的情形(特别是 N 比较小的情形),无论是半正定松弛近似算法,还是 SLA 算法,其相对误差均比较小。由此可见,对于极小规模的问题情形,采用两种近似算法可以得到非常满意的近似解,而相比之下,SLA 算法的平均近似比比半正定松弛近似算法的平均近似比更小。然而,随着 N 和 M 的逐渐增大,两种近似算法的平均相对误差显著增加,特别是对于 $N=4,M=40$ 的情形,半正定松弛近似算法的平均相对误差已经达到了 69.64%,而对于 $N=4,M=32$ 的情形,SLA 算法的平均相对误差达到了 19.48%。由此可见,随着 N 和 M 的逐渐增大,两种近似算法得到的解往往不是很理想。主要原因在于,较大规模问题的半正定松弛往往引入更大的松弛间隙,因此基于半正定松弛近似算法的性能显著退化。另外,随着问题规模变大,问题的局部最优解的个数也显著增加,因此 SLA 算法的迭代过程更容易收敛到质量不高的局部最优解。

除了平均相对误差外,我们也列出不同近似算法在测试算例上的最坏情形相对误差,如表 8.4 所列。

表 8.4　近似算法最坏情形近似比评估实验

参数配置 (N,M)	最坏情形相对松弛间隙	
	SLA	SDR
(2,8)	1%	6%
(2,16)	6%	10%
(2,24)	4%	18%
(2,32)	13%	30%
(2,40)	8%	22%
(2,48)	10%	28%
(2,56)	12%	25%

参数配置	最坏情形相对松弛间隙	
(N,M)	SLA	SDR
$(2,64)$	14%	25%
$(4,8)$	34%	42%
$(4,16)$	39%	82%
$(4,24)$	65%	100%
$(4,32)$	70%	103%
$(4,40)$	74%	104%
$(6,8)$	22%	92%
$(6,16)$	62%	126%
$(6,24)$	73%	128%
$(8,8)$	23%	46%
$(8,16)$	51%	124%

根据表 8.4 的实验结果,我们发现,对于 $N=4,M=40$ 的情形,SLA 算法的最坏情形相对误差超过了 70%,而基于半正定松弛的近似算法针对 $N=4,M\geqslant40$ 以及 $N\geqslant6,M\geqslant16$ 的最坏情形相对误差均超过了 100%。从这个角度讲,两类近似算法的性能均不够稳定。由此可见,在实际应用中,与理论上的最优方案相比,两种方法在最坏情形下均可能造成超过 70% 的额外功率消耗。

8.6 本章小结

本章针对单组多播波束形成问题的二次规划模型设计了分支定界算法,即 ACR-BB 算法。该算法作为第 5 章提出的基于辐角切分策略的分支定界算法的扩展,可有效求解波束形成问题的全局最优解。

ACR-BB 算法与第 5 章的分支定界算法的最大不同之处在于:通过引入辐角割平面,我们最终将问题松弛为凸二次规划问题,相比之下,第 5 章的分支定界算法采用了半正定松弛策略。实际上,针对问题(8.7),我们开展的更多数值实验结果表明,采用凸二次松弛策略可达到下界紧度和下界计算效率两方面的最佳均衡效果。在分支根节点处,凸二次松弛的下界紧度并不高,然而,随着对辐角范围进行划分,可利用辐角割平面有效提高松弛下界紧度。相比之下,若我们采用半正定松弛技术,虽然可以得到更紧的下界(特别是在根节点处),但是,半正定松弛求解效率将远远低于凸二次松弛下界的求解效率,这将导致分支定界算法整体效率偏慢。

实验进一步表明,针对小规模的单组多播波束形成问题,ACR-BB 算法可在理想的计算时间内得到问题的全局最优解,其计算效率远远高于基于传统分支定界算法的全局优化软件 BARON。

第9章　MIMO信道检测问题的隐凸性

在第1章中,我们将非凸二次规划问题分为两类:隐凸问题和本质非凸问题。在第3章至第8章中,我们针对不同形式的非凸二次规划问题设计了分支定界算法。但是,分支定界算法主要用于求解本质非凸二次规划问题。当问题并不是本质非凸情形时,分支定界算法将不是最佳选择。针对该类问题情形,更加有效的方法就是对问题的隐凸性进行挖掘,并设计凸优化求解算法。作为本书的最后一部分内容,本章将讨论一类非凸复变量二次规划问题的隐凸性。该问题模型源于通信系统中的多输入多输出(即Multiple-Input Multiple-Output,MIMO)信道检测相关应用[19]。

在MIMO信道检测问题中,输入和输出关系可建模为

$$r = Hx^* + v \tag{9.1}$$

式中:$r \in \mathbb{C}^m$为接收端信号;$H \in \mathbb{C}^{m \times n}$为信道矩阵;$x^* \in \mathbb{C}^n$为发射端信号;$v \in \mathbb{C}^m$为噪声信号;$n$为发射端天线数;$m$为接收端天线数。

通常,发射端信号x^*各项的取值范围为复平面上的给定的离散点集。其中,最典型的离散集就是MPSK (M-Phase-Shift Keying)调制集合,即对任意$i = 1, 2, \cdots, n$,令

$$x_i \in \{ e^{i\theta} \mid \theta = 2j\pi/M, j = 0, 1, \cdots, M-1 \} \tag{9.2}$$

其中,常数M通常取大于等于2的整数。

在接收端,信道矩阵H为常数,且已知。当接收到信号r后,系统试图恢复发射端信号x^*。针对上述问题,目前普遍采用极大似然估计的方法恢复发送端信号x^*,即求解如下优化问题:

$$\min \|Hx - r\|^2$$
$$\text{s. t. } |x_i|^2 = 1, \arg(x_i) \in A, i = 1, 2, \cdots, n \tag{9.3}$$

此处$\| \cdot \|$表示欧几里得范数,集合A定义为

$$A = \{0, 2\pi/M, \cdots, 2\pi(M-1)/M\} \tag{9.4}$$

可以证明,极小化欧几里得范数平方和误差等价于极小化解码错误率[108]。因此,针对信道检测问题,问题(9.3)是最常采用的解码模型之一。

实际上,问题(9.3)是一类典型的单位模约束下的复变量二次规划问题,即第5章的问题(UMQP)的特例。我们令$Q = H^H H$,$c = -H^H r$,并忽

略问题(9.3)的目标函数中的常数项,则可将问题(9.3)转化为(UMQP)问题形式。若将(UMQP)问题的辐角约束进行松弛,可得到如下形式的复变量二次规划问题:

$$\min \ x^{\mathrm{H}}Qx + 2\mathrm{Re}(c^{\mathrm{H}}x)$$
$$\text{s. t. } |x_i|^2 = 1, i = 1, 2, \cdots, n \tag{UQP}$$

如第 1 章所述,问题(UMQP)包含很多 NP-hard 子类问题(例如,MAX-3-CUT 问题),因此(UMQP)也是 NP-hard 的。本章所讨论的信道检测问题(9.3),作为(UMQP)的子类问题,求解难度并未降低,也是 NP-hard 的[20]。在第 5 章中,我们针对问题(UMQP)设计了基于分支定界策略的全局优化算法,但由于该算法最坏情形具有指数复杂度,在实际应用中很难实时应用于信号处理问题。

为了设计实时算法,一类典型的做法就是设计多项式时间近似算法。例如,基于半正定松弛技术的近似算法就是一类最典型的近似算法。针对问题(CQP)和(UQP)的一般形式,文献[30,31]对经典的半正定松弛方法的近似比进行了深入的研究。另外,针对与(CQP)和(UQP)相关模型在信号处理中的一些具体应用问题,文献[4,21,25,27,60,109-111]也采用了基于半正定松弛的近似算法。除半正定松弛近似算法外,文献[112-114]针对一些具体问题类型也提出了一阶近似算法。

由于近似算法无法确保得到问题的全局最优解,我们需要对其性能进行理论分析。在以往文献中,经典的近似比分析方法往往过于关注算法最坏情形的性能。然而,如文献[115]所述,在信号处理领域和通信领域的一些真实应用场景下,这些近似算法往往表现得非常好,针对大部分算例可以得到真正的全局最优解。而对于本章所讨论的 MIMO 信道检测问题,文献[116]的实验也说明了在真实应用场景下,近似算法的真实性能往往比理论预期的最坏结果要好很多。实际上,这些现象说明了 MIMO 信道检测问题所具有的特殊结构可能带来隐凸性,即问题虽然具有非凸目标函数或非凸可行域,但在一定情形下,这些问题可以转化为等价的凸优化问题。充分挖掘问题的隐凸性条件,可进一步指导我们对相关通信系统参数进行优化设计,使其满足相关的隐凸性条件,从而确保其达到理想的应用效果。本章我们将对 MIMO 信道检测问题的隐凸性进行充分挖掘,从而指导相关工程人员在实际应用中对信号功率进行有效的控制,确保得到问题的精确解。

关于 MIMO 信道检测问题的隐凸性,香港中文大学的苏文藻教授曾专门研究过 $M=2$ 的情形。在文献[21]中,苏文藻教授指出,对于 $M=2$ 情形的信道检测问题,若下述条件得到满足:

$$\lambda_{\min}\left[\mathrm{Re}(H^{\mathrm{H}}H)\right] > \|\mathrm{Re}(H^{\mathrm{H}}v)\|_{\infty} \tag{9.5}$$

则该问题可转化为等价的半正定规划问题,其中 $\lambda_{\min}(\cdot)$ 表示矩阵的最小特征根,$\|\cdot\|_{\infty}$ 表示无穷范数。然而,上述条件无法扩展到 $M \geqslant 3$ 的情形。实际上,苏文藻教授在文献[21]中提出了如下问题:对于信道检测问题,当 $M \geqslant 3$ 时,若问题参数满足条件

$$\lambda_{\min}[H^H H] > \|H^H v\|_{\infty} \tag{9.6}$$

该问题是否具有隐凸性? 在本章后面的部分,我们将专门探讨信道检测问题的隐凸性,尤其是 $M \geqslant 3$ 的情形。我们将首先证明,对于经典的半正定松弛方法,当 $M \geqslant 3$,条件(9.6)无法保证经典半正定松弛方法的松弛间隙为零,由此回答苏文藻教授的问题。另外,我们将充分挖掘信道检测问题的结构特点,设计改进的半正定松弛策略,并从理论上证明,当问题参数满足如下条件:

$$\lambda_{\min}[H^H H]\sin\frac{\pi}{M} > \|H^H v\|_{\infty} \tag{9.7}$$

则改进的半正定松弛问题的松弛间隙一定为零。由此说明信道检测问题在一定条件下具有隐凸性。

9.1　经典半正定松弛方法及其缺陷

我们首先考虑信道检测问题的经典半正定松弛策略。首先,引入矩阵 $X = xx^H$,将 MIMO 信道检测问题转化为如下形式:

$$\min Q \cdot X + 2\text{Re}(c^H x)$$
$$\text{s. t. } X_{ii} = 1, i = 1, 2, \cdots, n \tag{9.8}$$
$$X = xx^H$$

按照经典的半正定松弛策略,将秩一约束 $X = xx^H$ 松弛为半正定约束 $X \geqslant xx^H$,从而得到如下半正定松弛问题:

$$\min Q \cdot X + 2\text{Re}(c^H x)$$
$$\text{s. t. } X_{ii} = 1, i = 1, 2, \cdots, n \tag{9.9}$$
$$X \geqslant xx^H$$

上述半正定规划松弛问题在信号处理领域得到了广泛的应用。在现有文献中,一系列典型的近似算法,如文献[4,25,30,31],均基于上述半正定松弛形式。

下面讨论半正定松弛问题的紧度。首先考虑 $M = 2$ 的情形。对于该类特殊情形,变量 x 的各项为取值为 $\{-1, +1\}$ 的整数,因此问题(9.3)已退化为实变量整数二次规划问题,其等价于如下问题:

$$\min \ x^{\mathrm{T}} \mathrm{Re}(Q)x + 2\mathrm{Re}(c^{\mathrm{H}})x$$
$$\text{s. t. } x_i \in \{-1, +1\}, i = 1, 2, \cdots, n \tag{9.10}$$

该问题的半正定松弛问题可写为如下形式：

$$\min \ \mathrm{Re}(Q) \cdot X + 2\mathrm{Re}(c^{\mathrm{H}})x$$
$$\text{s. t. } X_{ii} = 1, i = 1, 2, \cdots, n \tag{9.11}$$
$$X \geqslant xx^{\mathrm{T}}, X \in \mathbf{R}^{n \times n}, x \in \mathbf{R}^n$$

与松弛问题(9.9)的不同之处在于，松弛问题(9.11)不再是复变量问题，而已经退化为实变量问题。针对问题(9.11)，苏文藻教授证明了如下结论[21]。

定理 9.1　对于 $M=2$ 的信道检测问题情形，若如下条件成立：

$$\lambda_{\min}[\mathrm{Re}(H^{\mathrm{H}}H)] > \|\mathrm{Re}(H^{\mathrm{H}}v)\|_\infty \tag{9.12}$$

则问题(9.11)的松弛间隙等于零，且最优解的秩等于 1。

上述定理说明，对于 $M=2$ 的情形，当问题的噪声信号满足条件(9.12)时，问题(9.11)将与问题(9.3)等价，即通过求解问题(9.11)，可直接得到秩为 1 的解，对最优解进行特征分解，可直接得到问题(9.3)的全局最优解。除了条件(9.12)外，文献中也有一些其他关于问题(9.11)的松弛间隙为 0 的充分条件。例如，文献[116]中证明，若

$$\lambda_{\min}[H^{\mathrm{H}}H] > \|H^{\mathrm{H}}v\|_1 \tag{9.13}$$

则问题(9.11)的松弛间隙为 0。此外，文献[109]提到，若

$$\lambda_{\min}[H^{\mathrm{H}}H] > \|H^{\mathrm{H}}v\|_2 \tag{9.14}$$

则问题(9.11)的松弛间隙为 0。在这些条件中，由于

$$\|H^{\mathrm{H}}v\|_1 \geqslant \|H^{\mathrm{H}}v\|_\infty \tag{9.15}$$

和

$$\|H^{\mathrm{H}}v\|_2 \geqslant \|H^{\mathrm{H}}v\|_\infty \tag{9.16}$$

对任意 $H^{\mathrm{H}}v$ 始终成立。因此，定理 9.1 中的充分条件实际上是同类条件中最具一般性的充分条件。

针对 $M=2$ 的情形，当给出定理 9.1 的充分条件后，苏文藻教授进一步提出如下问题：针对复变量半正定松弛问题(9.9)，我们是否可以将定理 9.1 的充分条件进一步扩展到 $M \geqslant 3$ 的一般情形？具体来说，对于 $M \geqslant 3$ 的情形，当条件

$$\lambda_{\min}[H^{\mathrm{H}}H] > \|H^{\mathrm{H}}v\|_\infty \tag{9.17}$$

满足时，问题(9.9)的松弛间隙是否一定等于 0？

接下来，我们对苏文藻教授的问题进行详细的分析。首先，令 $X^* = x^*(x^*)^{\mathrm{H}}$，我们将反推 (x^*, X^*) 为(UMQP)最优解的必要条件，并证明该必要条件成立的概率为 0。注意到松弛问题(9.9)的约束条件并未考虑

(UMQP)中的辐角约束。实际上,当我们忽略掉辐角约束后,问题(UMQP)可直接松弛为(UQP)问题。不难验证,若(9.9)与(UMQP)之间的松弛间隙为0,则(UQP)问题与(UMQP)之间的间隙一定也为0。此时x^*为(UQP)问题的KKT点。

为了推导(UQP)问题的KKT条件,我们首先将该问题转化为等价的实变量二次规划。令

$$\hat{Q}=T(Q)=\begin{bmatrix} \text{Re}(Q) & -\text{Im}(Q) \\ \text{Im}(Q) & \text{Re}(Q) \end{bmatrix}, \hat{c}=T(c)=\begin{bmatrix} \text{Re}(c) \\ \text{Im}(c) \end{bmatrix}, y=T(x)=\begin{bmatrix} \text{Re}(x) \\ \text{Im}(x) \end{bmatrix}$$

$$(9.18)$$

则(UQP)问题可转化成实数问题形式:

$$\min \ y^{\text{T}}\hat{Q}y+2\hat{c}^{\text{T}}y$$
$$\text{s. t. } y_i^2+y_{i+n}^2=1, i=1,2,\cdots,n \tag{9.19}$$

关于问题(9.19),定义拉格朗日函数

$$L(y,\lambda)=y^{\text{T}}\hat{Q}y+2\hat{c}^{\text{T}}y+\sum_{i=1}^{n}\lambda_i(y_i^2+y_{i+n}^2-1) \tag{9.20}$$

由于x^*为问题(9.3)的最优解,其对应的实数向量$y^*=T(x^*)$也是(UQP)问题的最优解。因此y^*应满足如下KKT条件:存在实数拉格朗日乘子$\lambda_1,\lambda_2,\cdots,\lambda_n\in\mathbf{R}$,使得如下等式成立:

$$\frac{\partial L(y,\lambda)}{\partial y_i}\bigg|_{y=y^*}=2\left[\hat{Q}y^*\right]_i+2\hat{c}_i+2\lambda_i^*y_i^*=0$$

$$\frac{\partial L(y,\lambda)}{\partial y_{i+n}}\bigg|_{y=y^*}=2\left[\hat{Q}y^*\right]_{i+n}+2\hat{c}_{i+n}+2\lambda_i^*y_{i+n}^*=0 \tag{9.21}$$

此外,由于

$$2\left[\hat{Q}y^*\right]_i+2\hat{c}_i+2\lambda_i^*y_i^*=2\text{Re}(\left[\hat{Q}x^*\right]_i)+2\text{Re}(c_i)+2\lambda_i^*\text{Re}(x_i^*)$$
$$2\left[\hat{Q}y^*\right]_{i+n}+2\hat{c}_{i+n}+2\lambda_i^*y_{i+n}^*=2\text{Im}(\left[\hat{Q}x^*\right]_i)+2\text{Im}(c_i)+2\lambda_i^*\text{Im}(x_i^*)$$

$$(9.22)$$

因此,将y^*的KKT条件转化为复数形式,可得到如下条件:

$$2\left[\hat{Q}x^*\right]_i+2c_i+2\lambda_i^*x_i^*=0, i=1,2,\cdots,n \tag{9.23}$$

根据KKT条件,我们得到如下结论。

定理9.2 对于信道检测问题,假设$M\geq 2$,若(x^*,X^*)为松弛问题(9.9)的最优解,则存在实数拉格朗日乘子$\lambda_1,\lambda_2,\cdots,\lambda_n\in\mathbf{R}$,使得如下条件成立:

$$[H^+v]_i=\lambda_i x_i^*, i=1,2,\cdots,n \tag{9.24}$$

证明:若(x^*,X^*)为问题(9.9)的最优解。则x^*也是(UQP)的最优解。因此x^*满足(UQP)问题的KKT条件,即存在$\lambda_1,\lambda_2,\cdots,\lambda_n\in\mathbf{R}$,使得

条件(9.23)成立。另外,由于

$$Qx^* + c = H^H H x^* - H^H r = -H^H v \tag{9.25}$$

将式(9.25)代入式(9.23)并化简,可证明条件(9.24)成立,证毕。

定理 9.2 的结论说明,若(UMQP)是精确松弛,则对任意 $i = 1, 2, \cdots,$ n,等式条件(9.24)成立。此时,由于拉格朗日乘子 $\lambda_1, \lambda_2, \cdots, \lambda_n$ 均为实数变量,因此 $[H^H v]_i$ 和 x_i^* 具有相同的辐角。然而,当噪声向量 v 服从复高斯分布时(在实际应用中,v 通常服从复高斯分布),可证明 $[H^H v]_i$ 的辐角恰好等于 $\arg(x_i^*)$ 的概率为零。由此可见,在实际应用中,条件(9.24)得到满足的概率为零。

上述结论最终回答了苏文藻教授的问题,即定理 9.1 的充分条件无法直接扩展到松弛问题(9.9)。实际上,即使对于 $M = 2$ 的情形,松弛问题(9.9)与松弛问题(9.11)问题也并不等价,针对该类情形,松弛问题(9.9)的松弛间隙为零的概率同样为零。

9.2　改进的半正定松弛方法

针对信道检测问题,经典的复变量半正定松弛问题(9.9)通常不是紧的。但是,上述结论无法表明问题(9.3)一定不具备隐凸性。本节将提出一类改进的半正定松弛技术,并证明在一定的条件下,改进的半正定松弛方法一定是紧的,由此说明问题(9.3)在一定的条件下具有隐凸性。

为了得到改进的半正定松弛方法,我们首先分析经典的半正定松弛方法的缺陷。注意到信道检测问题含有离散辐角约束,而这些离散辐角约束在松弛问题(9.9)中并未得到体现。因此,在得到松弛问题(9.9)之前,(UMQP)实际上已经被松弛为(UQP)。为了对松弛问题(9.9)进行改进,我们进一步利用辐角结构特点设计有效不等式,从而降低松弛间隙。

为了充分利用离散辐角的结构特点,我们将问题的实部和虚部看作两个独立的变量,并在此基础上挖掘有效不等式。首先,针对松弛问题(9.9),我们构造如下实变量形式的半正定松弛问题:

$$\begin{aligned}
&\min \hat{Q} \cdot Y + 2\hat{c}^T y \\
&\text{s. t. } Y_{i,i} + Y_{n+i,n+i} = 1, i = 1, 2, \cdots, n \\
&\begin{bmatrix} 1 & y^T \\ y & T \end{bmatrix} \geq 0
\end{aligned} \tag{9.26}$$

上述半正定松弛问题中,变量取值范围为 $Y \in \mathbf{R}^{2n \times 2n}$,$y \in \mathbf{R}^{2n}$。容易证明,问

题(9.26)和问题(9.9)等价[117]。因此,由定理 9.2 可知,问题(9.26)的松弛间隙通常不为零。但是,引入问题(9.26)形式,有助于通过挖掘复变量实部和虚部之间的潜在关系,并由此设计有效不等式。

为了利用复变量的实部和虚部之间的关系,我们构造如下形式的 3×3 子矩阵

$$Z_i = \begin{bmatrix} 1 & y_i & y_{n+i} \\ y_i & Y_{i,i} & Y_{i,n+i} \\ y_{n+i} & Y_{n+i,i} & Y_{n+i,n+i} \end{bmatrix}, i=1,2,\cdots,n \quad (9.27)$$

其中,对任意 $i=1,2,\cdots,n$,Z_i 的项均由 (y,Y) 中相应的项构成。根据 Y 的对称性,可知 Z_i 中含有五个独立变量,包括

$$y_i,y_{n+i},Y_{i,i},Y_{i,n+i},Y_{n+i,n+i} \quad (9.28)$$

针对 MIMO 信道检测问题,由于 x_i 仅包含 M 种不同的取值情形,相应地,变量 x_i 对应的实部和虚部 (y_i,y_{n+i}) 应满足

$$(y_i,y_{n+i}) \in \{(\cos\theta,\sin\theta)\,|\,\theta=2j\pi/M,j=0,1,\cdots,M-1\} \quad (9.29)$$

由此,我们定义矩阵

$$P_j = \begin{bmatrix} 1 \\ \cos\dfrac{2j\pi}{M} \\ \sin\dfrac{2j\pi}{M} \end{bmatrix} \begin{bmatrix} 1 & \cos\dfrac{2j\pi}{M} & \sin\dfrac{2j\pi}{M} \end{bmatrix}, j=0,1,\cdots,M-1 \quad (9.30)$$

在此基础上,若 $(y_i,y_{n+i}) \in \{(\cos\theta,\sin\theta)\,|\,\theta=2j\pi/M,j=0,1,\cdots,M-1\}$,则有

$$Z_i \in \{P_0,P_1,\cdots,P_{M-1}\}, i=1,2,\cdots,n \quad (9.31)$$

为了得到 MIMO 信道检测问题的凸松弛,我们将约束(9.29)松弛成如下形式:

$$Z_i \in \mathrm{conv}\{P_0,P_1,\cdots,P_{M-1}\}, i=1,2,\cdots,n \quad (9.32)$$

而凸松弛(9.32)可进一步等价写为如下形式

$$Z_i = \sum_{j=0}^{M-1} t_j^i P_j, \sum_{j=0}^{M-1} t_j^i = 1, t_j^i \geqslant 0, j=0,1,\cdots,M-1, i=1,2,\cdots,n \quad (9.33)$$

进一步详细推导,可将约束条件 $Z_i = \sum_{j=0}^{M-1} t_j^i P_j$ 表示为如下线性约束形式:

$$y_i = \sum_{j=0}^{M-1} t_j^i \cos\frac{2j\pi}{M}$$

$$y_{i+n} = \sum_{j=0}^{M-1} t_j^i \sin\frac{2j\pi}{M}$$

$$Y_{i,i} = \sum_{j=0}^{M-1} t_j^i \cos^2 \frac{2j\pi}{M} \tag{9.34}$$

$$Y_{n+i,n+i} = \sum_{j=0}^{M-1} t_j^i \sin^2 \frac{2j\pi}{M}$$

$$Y_{i,n+i} = \sum_{j=0}^{M-1} t_j^i \cos \frac{2j\pi}{M} \sin \frac{2j\pi}{M}$$

容易验证,如果 (y,Y) 满足 (9.32),且

$$\sum_{j=0}^{M-1} t_j^i = 1 \tag{9.35}$$

则必有 $Y_{i,i} + Y_{n+i,n+i} = 1$ 成立。因此,在松弛问题 (9.26) 基础上,我们引入约束 (9.32),并去掉冗余约束

$$Y_{i,i} + Y_{n+i,n+i} = 1, i = 1,2,\cdots,n \tag{9.36}$$

可最终构造如下形式的半正定松弛问题:

$$\min \hat{Q} \cdot Y + 2\hat{c}^{\mathrm{T}} y$$

$$\mathrm{s.\,t.\,} Z_i = \begin{bmatrix} 1 & y_i & y_{n+i} \\ y_i & Y_{i,i} & Y_{i,n+i} \\ y_{n+i} & Y_{n+i,i} & Y_{n+i,n+i} \end{bmatrix}, i = 1,2,\cdots,n$$

$$Z_i = \sum_{j=0}^{M-1} t_j^i P_j, \sum_{j=0}^{M-1} t_j^i = 1, i = 1,2,\cdots,n \tag{9.37}$$

$$t_j^i \geqslant 0, j = 0,1,\cdots,M-1$$

$$\begin{bmatrix} 1 & y^{\mathrm{T}} \\ y & T \end{bmatrix} \geqslant 0$$

实际上,松弛问题 (9.37) 是在 (9.26) 松弛问题的基础上加入了新的有效约束,因此,松弛问题 (9.37) 比松弛问题 (9.26) 更紧。此外,由于松弛问题 (9.26) 和复变量半正定松弛问题 (9.9) 等价,因此,松弛问题 (9.37) 也比松弛问题 (9.9) 更紧。

9.3　隐凸性充分条件

这一节将针对问题 (9.37) 推导松弛间隙为零的充分条件。首先考虑 $M = 2$ 的情形。针对该情形,容易验证

$$P_0 = \begin{bmatrix} 1 & 1 & 0 \\ 1 & 1 & 0 \\ 0 & 0 & 0 \end{bmatrix}, P_1 = \begin{bmatrix} 1 & -1 & 0 \\ -1 & 1 & 0 \\ 0 & 0 & 0 \end{bmatrix} \tag{9.38}$$

因此,约束条件(9.34)退化为如下形式:

$$Y_{i,i}=1, y_i=t_1^i-t_2^i, Y_{i,n+i}=Y_{n+i,i}=Y_{n+i,n+i}=y_{n+i}=0 \quad (9.39)$$

在上述约束条件下,我们对问题(9.37)进行简化,忽略系数为零的项。容易证明,对 $M=2$ 的情形,简化后的问题(9.37)恰好等价于松弛问题(9.11)。因此,针对该情形,定理 9.1 的充分条件对问题(9.37)同样适用。然而,针对 $M \geqslant 3$ 的情形,定理 9.1 将不再适用。在本节后续部分,我们将专门对 $M \geqslant 3$ 的情形进行讨论。

对于 $M \geqslant 3$ 情形,为了推出问题(9.37)的松弛间隙为零的充分条件,我们首先构造一类结构更加简单的复变量半正定松弛问题。注意到若 (y, Y, t) 为问题(9.37)的可行解,则相应的子矩阵 Z_i 满足凸包约束条件 $Z_i \in \mathrm{conv}\{P_0, P_1, \cdots, P_{M-1}\}$,因此,可以推出

$$(y_i, y_{n+i}) \in \mathrm{conv}\{(\cos\theta, \sin\theta) \mid \theta = 2j\pi/M, j=0,1,\cdots,M-1\} \quad (9.40)$$

如图 9.1 所示,对于 $M=8$ 的情形,(y_i, y_{n+i}) 的取值范围如图中阴影所示。

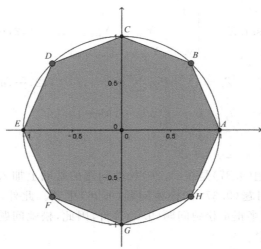

图 9.1　集合(9.40)取值范围示意图,其中 $M=8$

由于 (y_i, y_{n+i}) 对应 MIMO 信道检测问题中的复变量 x_i 的实部和虚部,上述图中的阴影部分也可以看作复变量 x_i 在复平面上对应的可行区域。对于 $M \geqslant 3$ 的情形,上述复平面可行区域可表示为如下形式:

$$\left\{w \in \mathbb{C} \mid \mathrm{Re}(a_j^{\mathrm{H}}w) \leqslant \cos\frac{\pi}{M}, j=0,1,\cdots,M-1\right\} \quad (9.41)$$

其中

$$a_j = \mathrm{e}^{\mathrm{i}\theta_j}, \theta_j = \frac{(2j-1)\pi}{M} \quad (9.42)$$

在上述表达式中,约束条件

$$\mathrm{Re}(a_j^{\mathrm{H}}w) \leqslant \cos \frac{\pi}{M} \tag{9.43}$$

可以进一步展开为

$$\cos\theta_j \mathrm{Re}(w) + \sin\theta_j \mathrm{Im}(w) \leqslant \cos \frac{\pi}{M} \tag{9.44}$$

该线性不等式实际等价于第 5 章介绍的针对离散辐角结构设计的辐角割平面,其系数由经过如下两点的直线所确定:

$$\left[\cos \frac{2j\pi}{M}, \sin \frac{2j\pi}{M}\right], \left[\cos \frac{(2j-2)\pi}{M}, \sin \frac{(2j-2)\pi}{M}\right] \tag{9.45}$$

给定辐角割平面表示后,我们定义如下形式的复变量半正定规划问题:

$$\begin{aligned}
\min \ & Q \cdot X + 2\mathrm{Re}(c^{\mathrm{H}}x) \\
\mathrm{s.\,t.} \ & X_{ii} = 1, i = 1, 2, \cdots, n \\
& \mathrm{Re}(a_j^{\mathrm{H}}x_i) \leqslant \cos \frac{\pi}{M}, i = 1, 2, \cdots, n, j = 0, 1, \cdots, M-1 \\
& X = xx^{\mathrm{H}}
\end{aligned} \tag{9.46}$$

松弛问题(9.46)实际上等价于第 5 章介绍的半正定松弛问题(5.5)。根据上述推导过程,我们不难发现,对于问题(9.37)的可行解,实变量(y_i, y_{n+i})对应的复变量x_i自然满足辐角割平面。我们给出如下定理来说明松弛问题(9.37)与松弛问题(9.46)之间的联系(证明过程略)。

定理 9.3　对于 MIMO 信道检测问题,松弛问题(9.37)的下界值大于或等于松弛问题(9.46)的下界值。

根据定理 9.3 可知,对于任意给定的 MIMO 信道检测问题实例,如果(9.46)问题的松弛间隙为零,则(9.37)的松弛间隙一定也为零。因此,我们接下来讨论(9.46)的松弛间隙为零的充分条件。我们首先给出(9.46)问题的对偶问题:

$$\begin{aligned}
\max \ & \sigma - \sum_{i=1}^{n} \lambda_i - \cos \frac{\pi}{M} \sum_{i=1}^{n} \sum_{j=0}^{M-1} \mu_{i,j} \\
\mathrm{s.\,t.} \ & \begin{bmatrix} -\sigma & (c+g)^{\mathrm{H}} \\ c+g & Q + \mathrm{Diag}(\lambda) \end{bmatrix} \geqslant 0 \\
& \mu_{i,j} \geqslant 0, i = 1, 2, \cdots, n, j = 0, 1, \cdots, M-1
\end{aligned} \tag{9.47}$$

其中

$$g = [g_1, g_2, \cdots, g_n]^{\mathrm{T}} \in \mathbf{R}^n, g_i = \sum_{j=0}^{M-1} \frac{\mu_{i,j}}{2} a_j, i = 1, 2, \cdots, n \tag{9.48}$$

容易验证,问题(9.46)及其对偶问题(9.47)均严格可行。因此,原问题可行解(x, X)和对偶问题可行解$(\sigma, \lambda, \mu, g)$分别为相应问题的最优解当且仅当

其满足互补松弛条件

$$\mu_{i,j}\left[\cos\frac{\pi}{M}-\mathrm{Re}(a_j^{\mathrm{H}}x_i)\right], i=1,2,\cdots,n, j=0,1,\cdots,M-1 \quad (9.49)$$

和

$$\begin{bmatrix} -\sigma & (c+g)^{\mathrm{H}} \\ c+g & Q+\mathrm{Diag}(\lambda) \end{bmatrix}\cdot\begin{bmatrix} 1 & x^{\mathrm{H}} \\ x & X \end{bmatrix}=0 \quad (9.50)$$

利用互补松弛条件,可以证明本章的主要定理。

定理 9.4 对于 MIMO 信道检测问题,假设 $M\geqslant3$,其发射端信号 x^* 满足

$$x_i^*=\mathrm{e}^{2\pi s_i i/M}, s_i\in\{0,1,\cdots,M-1\}, i=1,2,\cdots,n \quad (9.51)$$

令

$$t_i=\begin{cases} s_i+1, \text{if } s_i<M-1 \\ 0, \text{if } s_i=M-1 \end{cases}, i=1,2,\cdots,n \quad (9.52)$$

若存在 $\bar\lambda_i>-\lambda_{\min}, \bar\mu_{i,s_i}\geqslant0, \bar\mu_{i,t_i}\geqslant0, i=1,2,\cdots,n$,使得

$$[H^{\mathrm{H}}v]_i=\bar\lambda_i x_i^*+\frac{\bar\mu_{i,s_i}}{2}a_{s_i}+\frac{\bar\mu_{i,t_i}}{2}a_{t_i}, i=1,2,\cdots,n \quad (9.53)$$

成立,则 (x^*,X^*) 是问题(9.46)问题的唯一最优解,其中 $X^*=x^*(x^*)^{\mathrm{H}}$。

证明:为了证明 (x^*,X^*) 是原问题的最优解,我们构造一组对偶问题的可行解,并证明 (x^*,X^*) 与该对偶可行解满足互补松弛条件,由此证明 (x^*,X^*) 的最优性。

首先,我们按照如下过程构造对偶问题的可行解 $(\sigma^*,\lambda^*,\mu^*,g^*)$。令

$$\lambda_i^*=\bar\lambda_i, i=1,2,\cdots,n$$

$$\mu_{i,j}^*=\begin{cases} \bar\mu_{i,j}, \text{if } j\in\{s_i,t_i\} \\ 0, \quad \text{if } j\notin\{s_i,t_i\} \end{cases}, i=1,2,\cdots,n, j=0,1,\cdots,M-1 \quad (9.54)$$

其中,$\bar\lambda,\bar\mu$ 满足

$$\bar\lambda_i>-\lambda_{\min}, \bar\mu_{i,s_i}\geqslant0, \bar\mu_{i,t_i}\geqslant0, i=1,2,\cdots,n \quad (9.55)$$

进一步,令

$$g_i^*=\sum_{j=0}^{M-1}\frac{\mu_{i,j}^*}{2}a_j, i=1,2,\cdots,n \quad (9.56)$$

记 $\Lambda^*=\mathrm{Diag}(\lambda^*)$。由于对任意 $i=1,2,\cdots,n$,不等式 $\bar\lambda_i>-\lambda_{\min}$ 成立,因此,可以得到 $Q+\Lambda^*>0$(根据正定性,可知该矩阵非奇异)。令

$$\sigma^*=-(c+g^*)^{\mathrm{H}}(Q+\Lambda^*)^{-1}(c+g^*) \quad (9.57)$$

显然,按照上述过程构造的解 $(\sigma^*,\lambda^*,\mu^*,g^*)$ 满足

$$\begin{bmatrix} -\sigma^* & (c+g^*)^{\mathrm{H}} \\ c+g^* & Q+\Lambda^* \end{bmatrix}\geqslant0 \quad (9.58)$$

因此该组解为对偶问题的可行解。

接下来，我们证明原问题可行解 (x^*, X^*) 和对偶问题可行解 $(\sigma^*, \lambda^*, \mu^*, g^*)$ 满足互补松弛条件。根据上述构造规则，容易验证当 $j \notin \{s_i, t_i\}$ 时，有 $\mu_{i,j}^* = 0$，另外，当 $j \in \{s_i, t_i\}$ 时，有

$$\cos\frac{\pi}{M} - \mathrm{Re}(a_j^\mathrm{H} x_i^*) = 0 \tag{9.59}$$

因此，对于任意 $j = 0, 1, \cdots, M-1$，必有

$$\mu_{i,j}^* \left[\cos\frac{\pi}{M} - \mathrm{Re}(a_j^\mathrm{H} x_i^*) \right] = 0 \tag{9.60}$$

此外，容易验证

$$\begin{bmatrix} -\sigma^* & (c+g^*)^\mathrm{H} \\ c+g^* & Q+\Lambda^* \end{bmatrix} \cdot \begin{bmatrix} 1 & (x^*)^\mathrm{H} \\ x^* & X^* \end{bmatrix} = (x^*)^\mathrm{H}(Q+\Lambda^*)x^*$$
$$+ 2\mathrm{Re}\left[(c+g^*)^\mathrm{H} x^* \right] - \sigma^* \tag{9.61}$$

根据定理条件

$$[H^\mathrm{H} v]_i = \bar{\lambda}_i x_i^* + \frac{\bar{\mu}_{i,s_i}}{2} a_{s_i} + \frac{\bar{\mu}_{i,t_i}}{2} a_{t_i}, i = 1, 2, \cdots, n \tag{9.62}$$

以及 $(\sigma^*, \lambda^*, \mu^*, g^*)$ 的构造过程，可以推出 $H^\mathrm{H} v = \Lambda^* x^* + g^*$。由于

$$Q = H^\mathrm{H} H, c = -H^\mathrm{H} r = -H^\mathrm{H} H x^* - H^\mathrm{H} v \tag{9.63}$$

因此，可进一步推出

$$c + g^* = -H^\mathrm{H} H x^* - H^\mathrm{H} v + g^* = -H^\mathrm{H} H x^* - \Lambda^* x^* = -(Q+\Lambda^*) x^* \tag{9.64}$$

根据定义，$\sigma^* = -(c+g^*)^\mathrm{H}(Q+\Lambda^*)^{-1}(c+g^*)$，因此，对公式 (9.61) 进行化简，可得

$$\begin{bmatrix} -\sigma^* & (c+g^*)^\mathrm{H} \\ c+g^* & Q+\Lambda^* \end{bmatrix} \cdot \begin{bmatrix} 1 & (x^*)^\mathrm{H} \\ x^* & X^* \end{bmatrix} = 0 \tag{9.65}$$

由此验证了原问题可行解 (x^*, X^*) 和对偶问题可行解 $(\sigma^*, \lambda^*, \mu^*, g^*)$ 之间的互补松弛条件，从而证明该组解分别为原问题和对偶问题的最优解。最后，由于 $Q+\Lambda^*$ 是正定矩阵，对偶问题最优解对应的矩阵

$$\begin{bmatrix} -\sigma^* & (c+g^*)^\mathrm{H} \\ c+g^* & Q+\Lambda^* \end{bmatrix} \tag{9.66}$$

的秩为 n，因此，原问题只有唯一的秩等于 1 的最优解，由此证明 (x^*, X^*) 是问题 (9.46) 的唯一最优解。

作为定理 9.4 的直接应用，我们给出如下定理。

定理 9.5　对于 MIMO 信道检测问题，假设 $M \geqslant 3$，若信道矩阵 H 和

噪声信号 v 满足条件

$$\lambda_{\min}(H^{\mathrm{H}}H)\sin\frac{\pi}{M} > \|H^{\mathrm{H}}v\|_{\infty} \tag{9.67}$$

则 (x^*, X^*) 是问题(9.46)的唯一最优解。

证明：首先定义集合

$$S_i = \left\{\lambda_i x_i^* + \frac{\mu_{i,s_i}}{2}a_{s_i} + \frac{\mu_{i,t_i}}{2}a_{t_i} \ \middle| \ \lambda_i > -\lambda_{\min}, \mu_{i,s_i} \geqslant 0, \mu_{i,t_i} \geqslant 0\right\} \tag{9.68}$$

根据定义，有

$$a_{s_i} = x_i^* e^{-\pi i/M}, a_{t_i} = x_i^* e^{\pi i/M} \tag{9.69}$$

因此，集合 S_i 是由一个极点 $\lambda_{\min}x_i^*$，以及两个极方向 $x_i^*e^{-\pi i/M}$ 和 $x_i^*e^{\pi i/M}$ 构成的多面集，其中 $|x_i^*|=1$。根据上述几何结构特点，我们不难验证，从复平面原点到集合 S_i 的边界点的最小距离为

$$\lambda_{\min}\sin\frac{\pi}{M} \tag{9.70}$$

因此，当不等式

$$\lambda_{\min}[H^{\mathrm{H}}H]\sin\frac{\pi}{M} > \|H^{\mathrm{H}}v\|_{\infty} \tag{9.71}$$

成立时，对任意 $i=1,2,\cdots,n$，必有 $[H^{\mathrm{H}}v]_i \in S_i$ 成立。因此，根据定理 9.4 可知，(x^*, X^*) 是问题(9.46)的唯一最优解。

由于松弛问题(9.37)比松弛问题(9.46)更紧，因此，当松弛问题(9.46)是精确松弛时，松弛问题(9.37)一定也是精确松弛。因此，定理 9.4 和定理 9.5 的条件也适用于松弛问题(9.37)情形。最后，我们特别指出，定理 9.5 最终回答了苏文藻教授提出的问题，即对于 MIMO 信道检测问题，当 $M \geqslant 3$ 时，若下式成立：

$$\lambda_{\min}[H^{\mathrm{H}}H]\sin\frac{\pi}{M} > \|H^{\mathrm{H}}v\|_{\infty} \tag{9.72}$$

则问题(9.3)具有隐凸性。

9.4 数 值 实 验

在本节，我们生成数值算例，验证问题的隐凸性条件。对于不满足隐凸性条件的情形，我们将对松弛问题(9.9)和松弛问题(9.37)的松弛间隙进行对比。

在数值实验中，按照如下步骤生成随机测试算例：复信道矩阵

$H \in \mathbb{C}^{m \times n}$ 的各项服从标准复高斯分布;对于传输信号 x^*,首先按照等概率分布生成整数变量 $s_i \in \{0, 1, \cdots, M-1\}$,在此基础上,令 $x_i^* = e^{2s_i \pi i / M}$,$i = 1$,$2, \cdots, n$,由此最终生成 x^*。最后生成复高斯噪声向量 v,其中向量 v 各项均值为 0,方差为 σ^2。在实验中设 $m = 15, n = 10$,在通信系统中,参数 M 通常取值为 2,4,8 等。在本节实验中,为了充分评估松弛问题(9.37)在不同参数下的松弛效果,我们暂时忽略实际应用背景,考虑 $M \in \{3, 4, 6, 8\}$ 四类具有代表性的取值情形。

在第一组实验中,我们重点比较松弛(9.9)和松弛(9.37)两种方法的效果。我们生成 40 个测试算例。其中,M 设置为 3,σ^2 分别取 $\{0.01, 0.1,$ $1.0, 10\}$。在此基础上,我们分别对 40 个算例构造松弛(9.9)和松弛(9.37),并计算松弛下界,此外,我们采用第 5 章提出的全局优化算法计算问题的最优值。相应结果如表 9.1 所示。在表 9.1 中,LBC 和 LBE 分别表示松弛(9.9)和松弛(9.37)得到的下界。UB 表示采用全局优化算法得到的最优值,GapC = UB−LBC,GapE = UB−LBE 分别表示近似算法得到的上界与两种不同松弛方法得到的下界之间的差值,Closed 定义为(LBE−LBC)/(UB−LBC),用于衡量松弛(9.37)相对松弛(9.9)而言,下界的改进比率;最后 Y/N 一列表示松弛问题(9.37)是否返回了秩等于一的解(其中 Y 表示是,N 表示否)。显然,若 Gap Closed 越大,说明松弛(9.37)相对于松弛(9.9)的改进量越大。

表 9.1 相关结果说明:当问题的信噪比足够高时(即 σ^2 足够小时),松弛问题(9.37)通常是精确松弛,特别地,在 $\sigma^2 \leqslant 0.1$ 的 20 个算例中,松弛问题(9.37)对其中的 19 个算例返回了秩等于一的解。对于 $\sigma^2 = 1.0$ 的 10 个测试算例,算法仍然对其中的两个测试算例返回了秩等于一的解。相比之下,松弛问题(9.9)的结果形成了鲜明的对比:对于所有的测试算例,松弛问题(9.9)的松弛间隙均不为零。此外,对于噪声强度比较高的情形,松弛问题(9.37)和松弛问题(9.9)两类方法的松弛间隙均不为零,但是对比发现,松弛(9.37)的下界显著优于松弛(9.9)的下界,例如,对于 $\sigma^2 = 10$ 的情形,松弛间隙改变量 Gap Closed 的取值达到了 30%~90%,由此说明松弛问题(9.37)的松弛效果通常远远好于松弛问题(9.9)的松弛效果。

表 9.1　不同松弛算法的松弛间隙对比

编号	σ^2	LBC	LBE	UB	GapC	GapE	Closed	Exactness
1	0.010	−316.111	−316.045	−316.045	0.066	0.000	100.0%	Y
2	0.010	−299.784	−299.696	−299.696	0.089	0.000	100.0%	Y

编号	σ^2	LBC	LBE	UB	GapC	GapE	Closed	Exactness
3	0.010	−308.452	−308.344	−308.344	0.108	0.000	100.0%	Y
4	0.010	−255.438	−255.368	−255.368	0.070	0.000	100.0%	Y
5	0.010	−179.588	−179.443	−179.443	0.145	0.000	100.0%	Y
6	0.010	−270.658	−270.618	−270.618	0.041	0.000	100.0%	Y
7	0.010	−220.304	−220.276	−220.276	0.028	0.000	100.0%	Y
8	0.010	−223.241	−223.097	−223.097	0.144	0.000	100.0%	Y
9	0.010	−440.008	−439.955	−439.955	0.053	0.000	100.0%	Y
10	0.010	−282.097	−282.001	−282.001	0.095	0.000	100.0%	Y
11	0.100	−182.957	−181.576	−181.576	1.380	0.000	100.0%	Y
12	0.100	−221.830	−220.881	−220.881	0.949	0.000	100.0%	Y
13	0.100	−336.577	−336.093	−336.093	0.467	0.000	100.0%	Y
14	0.100	−321.335	−319.680	−319.680	1.674	0.000	100.0%	Y
15	0.100	−333.037	−331.773	−331.773	1.264	0.000	100.0%	Y
16	0.100	−287.849	−286.448	−286.448	1.402	0.000	100.0%	Y
17	0.100	−283.624	−282.364	−282.364	1.260	0.000	100.0%	Y
18	0.100	−264.685	−263.655	−263.655	1.031	0.000	100.0%	Y
19	0.100	−375.708	−374.497	−374.497	1.211	0.000	100.0%	Y
20	0.100	−385.069	−383.395	−383.356	1.714	0.039	97.7%	N
21	1.000	−267.937	−260.953	−258.935	9.002	2.018	77.6%	N
22	1.000	−301.189	−290.710	−289.668	11.521	1.042	91.0%	N
23	1.000	−462.995	−455.912	−452.758	10.237	3.153	69.2%	N
24	1.000	−399.650	−393.103	−393.103	6.547	0.000	100.0%	Y
25	1.000	−196.489	−193.127	−193.127	3.362	0.000	100.0%	Y
26	1.000	−252.685	−241.514	−240.779	11.906	0.734	93.8%	N
27	1.000	−341.429	−326.867	−325.963	15.466	0.904	94.2%	N
28	1.000	−382.724	−370.711	−369.352	13.373	1.359	89.8%	N

编号	σ^2	LBC	LBE	UB	GapC	GapE	Closed	Exactness
29	1.000	−443.267	−432.466	−432.372	10.895	0.094	99.1%	N
30	1.000	−322.118	−315.922	−314.113	8.005	1.809	77.4%	N
31	10.00	−257.180	−218.040	−194.286	62.894	23.754	62.2%	N
32	10.00	−437.213	−416.125	−407.382	29.831	8.744	70.7%	N
33	10.00	−301.418	−21.875	−232.414	59.004	29.461	50.1%	N
34	10.00	−656.062	−607.805	−591.345	64.718	16.460	74.6%	N
35	10.00	−146.455	−131.433	−118.948	27.507	12.485	54.6%	N
36	10.00	−214.375	−200.038	−167.521	46.854	32.517	30.6%	N
37	10.00	−442.110	−404.595	−395.709	46.401	8.887	80.8%	N
38	10.00	−638.142	−588.624	−584.318	53.824	4.306	92.0%	N
39	10.00	−306.110	−270.383	−270.383	60.030	24.303	59.5%	N
40	10.00	−250.783	−223.968	−223.968	44.437	17.622	60.3%	N

在第二组实验中，为了对算法在不同参数配置下的性能进行评估，我们进一步生成更多的测试算例。在这组算例中，我们取

$$M \in \{4,6,8\}, \sigma^2 \in \{0.01, 0.1, 1.0, 10\}$$

共 12 种不同的 (M,σ^2) 参数组合。针对每组不同参数，共生成 100 个测试算例。我们分别采用松弛(9.37)和松弛(9.9)两种方法对问题算例进行松弛，并对计算结果相关指标的平均值进行统计，统计结果如表 9.2 所示。其中，TimeC 和 TimeE 分别表示采用 SeDuMi 求解松弛问题(9.9)和松弛问题(9.37)所需要的平均计算时间。ProbC 和 ProbE 分别表示松弛问题(9.9)和松弛问题(9.37)返回秩等于一的解的经验概率。根据表 9.2 的结果，我们可得到如下结论：首先，对于噪声信号方差比较小的情形，松弛问题(9.37)将以非常高的概率返回秩等于一的解，而松弛问题(9.9)返回秩等于一的解的概率始终为零；其次，当噪声信号的方差比较大时，松弛问题(9.37)的下界质量远远好于松弛问题(9.9)的下界质量；最后，通过对计算时间进行比较，我们发现松弛问题(9.37)相比于松弛问题(9.9)，虽然新引入了大量的线性约束，但是，当我们采用 SeDuMi 软件中的内点算法分别求解两个松弛问题时，TimeE 仅在 TimeC 的 1.4 倍至 2 倍之间。由此可见，对松弛问题(9.37)引入的线性约束并没有对 SeDuMi 中的内点算法计算复

杂度造成显著的影响。

表 9.2　不同参数下的松弛方法性能对比

M	σ^2	GapC	GapE	ClosedGap	TimeC	TimeE	ProbC	ProbE
4	0.01	0.096	0.000	100.0%	0.05	0.08	0%	100%
6	0.01	0.106	0.000	100.0%	0.05	0.08	0%	100%
8	0.01	0.100	0.000	99.9%	0.05	0.09	0%	99%
4	0.1	0.971	0.000	100.0%	0.05	0.08	0%	100%
6	0.1	0.871	0.015	98.9%	0.05	0.08	0%	80%
8	0.1	0.979	0.056	96.2%	0.05	0.09	0%	59%
4	1.0	9.399	0.934	91.0%	0.05	0.07	0%	32%
6	1.0	9.423	2.646	75.7%	0.05	0.07	0%	7%
8	1.0	9.162	3.739	60.8%	0.05	0.07	0%	1%
4	10	54.251	11.328	78.6%	0.05	0.07	0%	0%
6	10	26.827	8.085	68.2%	0.05	0.07	0%	0%
8	10	14.803	4.617	68.0%	0.05	0.07	0%	0%

9.5　本章小结

　　本章重点讨论了 MIMO 信道检测问题的隐凸性。首先，我们从理论上证明了：当噪声向量服从复高斯分布时，经典的复变量半正定松弛问题 (9.9) 通常无法返回秩等于一的解，且产生非零松弛间隙的概率为 100%。为了降低松弛间隙，我们充分挖掘了问题的离散辐角结构特点，并由此设计了改进的半正定松弛问题 (9.37)。进一步，我们从理论上证明了，当问题的信噪比足够高时，松弛问题 (9.37) 一定返回秩等于一的解。该结果最终对苏文藻教授在文献[22]中提出的开放问题给出了完整的回答：对于 $M \geqslant 3$ 的问题情形，我们可以设计出经过改进的半正定松弛问题 (9.37)，当问题参数满足条件

$$\lambda_{\min}(H^{\mathrm{H}}H)\sin\frac{\pi}{M} > \|H^{\mathrm{H}}v\|_{\infty}$$

时，松弛问题(9.37)一定返回秩等于一的解。

　　该理论结果对通信系统的设计具有一定的指导价值：我们可以根据噪声强度控制发射端信号的能量，使相应的系统达到足够高的信噪比，并满足条件(9.72)，由此确保通过求解松弛问题(9.37)可直接得到真实的传输信号 x^*。

参 考 文 献

[1] Low S H. Convex relaxation of optimal power flow—part Ⅰ: Formulations and equivalence[J]. IEEE Transactions on Control of Network Systems, 2014, 1(1): 15-27.

[2] Low S H. Convex relaxation of optimal power flow—part Ⅱ: Exactness[J]. IEEE Transactions on Control of Network Systems, 2017, 1 (2): 177-189.

[3] Gershman A B, Sidiropoulos N D, Shahbazpanahi S, et al. Convex optimization-based beamforming[J]. IEEE Signal Processing Magazine, 2010, 27(3): 62-75.

[4] Waldspurger I, Daspremont A, Mallat S. Phase recovery, MaxCut and complex semidefinite programming[J]. Mathematical Programming, 2015, 149(1-2): 47-81.

[5] Mulvey J M. Introduction to financial optimization: Mathematical Programming[J]. Mathematical Programming, 2001, 89(2): 205-216.

[6] Harry M. Portfolio selection[J]. Journal of Finance, 1952, 7(1): 77-91.

[7] Burges C J C. A tutorial on support vector machines for pattern recognition[J]. Data Mining and Knowledge Discovery, 1998, 2(2): 121-167.

[8] Sun X L, Liu C L, Li D, et al. On duality gap in binary quadratic programming[J]. Journal of Global Optimization, 2012, 53(2): 255-269.

[9] Bomze I M, de Klerk E. Solving standard quadratic optimization problems via linear, semidefinite and copositive programming[J]. Journal of Global Optimization, 2002, 24(2): 163-185.

[10] An L T H, Tao P D. A branch and bound method via D. C. optimization algorithms and ellipsoidal technique for box constrained nonconvex quadratic problems[J]. Journal of Global Optimization, 1998, 13(2): 171-206.

[11] Lazimy R. Mixed-integer quadratic programming[J]. Mathematical Programming,1982,22(1):332-349.

[12] Luo Z Q,Ma W K,So A M C,et al. Semidefinite relaxation of quadratic optimization problems[J]. IEEE Signal Processing Magazine,2010,27(3):20-34.

[13] Goemans M X,Williamson D P. Improved approximation algorithms for maximum cut and satisfiability problems using semidefinite programming[J]. Journal of the ACM,1995,42(6):1115-1145.

[14] Billionnet A,Calmels F. Linear programming for the 0-1 quadratic knapsack problem[J]. European Journal of Operational Research,1996,92(2):310-325.

[15] Lobo M S,Vandenberghe L,Boyd S,et al. Applications of second-order cone programming[J]. Linear Algebra and Its Applications,1998,284(1-3):193-228.

[16] Ben-Tal A,Teboulle M. Hidden convexity in some nonconvex quadratically constrained quadratic programming[J]. Mathematical Programming,1996,72(1):51-63.

[17] Yuan Y. On a subproblem of trust region algorithms for constrained optimization[J]. Mathematical Programming,1990,47(1-3):53-63.

[18] Ye Y,Zhang S. New results on quadratic minimization[J]. SIAM Journal on Optimization,2003,14(1):245-267.

[19] Yang S,Hanzo L. Fifty years of MIMO detection:the road to large-scale MIMOs[J]. IEEE Communications Surveys & Tutorials,2015,17(4):1941-1988.

[20] Verdú S. Computational complexity of optimum multiuser detection[J]. Algorithmica,1989,4(1-4):303-312.

[21] So A M C. Probabilistic analysis of the semidefinite relaxation detector in digital communications. In:Charikar M (eds.),Proceedings of the Twenty-First Annual ACM-SIAM Symposium on Discrete Algorithms. Philadelphia,USA:The Society for Industrial and Applied Mathematics 2010. 698-711.

[22] Garey M R,Johnson D S. Computers and Intractability:A Guide to the Theory of NP-Completeness. New York,NY,USA:W. H. Freeman & Company,1979.

［23］ Horst R, Pardalos P M, Thoai N V. Introduction to Global Optimization. Dordrecht, the Netherlands: Kluwer Academic Publisher, 2000.

［24］ Yajima Y, Fujie T. A polyhedral approach for nonconvex quadratic programming problems with box constraints［J］. Journal of Global Optimization, 1998, 13(2): 151-170.

［25］ Maio A D, Nicola S D, Huang Y, et al. Design of phase codes for radar performance optimization with a similarity constraint［J］. IEEE Transactions on Signal Processing, 2009, 57(2): 610-621.

［26］ Gopalakrishnan A, Raghunathan A U, Nikovski D, et al. Global optimization of optimal power flow using a branch & bound algorithm. In: Proceeding of 2012 50th Annual Allerton Conference on Communication, Control, and Computing (Allerton). Monticello, USA: IEEE, 2012, 609-616.

［27］ Bandeira A S, Boumal N, Singer A. Tightness of the maximum likelihood semidefinite relaxation for angular synchronization［J］. Mathematical Programming, 2017 163(1-2): 145-167.

［28］ Singer A. Angular synchronization by eigenvectors and semidefinite programming［J］. Applied & Computational Harmonic Analysis, 2011, 30(1): 20-36.

［29］ Goemans M X, Williamson D. Approximation algorithms for MAX-3-CUT and other problems via complex semidefinite programming ［J］. Journal of Computer and System Sciences, 2001, 68(2): 442-470.

［30］ So A M C, Zhang J, Ye Y. On approximating complex quadratic optimization problems via semidefinite programming relaxations［J］. Mathematical Programming, 2007, 110(1): 93-110.

［31］ Zhang S, Huang Y. Complex quadratic optimization and semidefinite programming［J］. SIAM Journal on Optimization, 2004, 16(3): 871-890.

［32］ Hong M, Xu Z, Razaviyayn M, et al. Joint user grouping and linear virtual beamforming: Complexity, algorithms and approximation bounds［J］. IEEE Journal on Selected Areas in Communications, 2013, 31(10): 2013-2027.

［33］ Sojoudi S, Lavaei J. Exactness of semidefinite relaxations for nonlinear optimization problems with underlying graph structure［J］. SIAM Journal on Optimization, 2014, 24(4): 1746-1778.

[34] Sidiropoulos N D,Davidson T N,Luo Z Q. Transmit beamforming for physical-layer multicasting[J]. IEEE Transactions on Signal Processing,2006,54(6):2239-2251.

[35] Luo, Z Q, Sidiropoulos N D, Tseng P, et al. Approximation bounds for quadratic optimization with homogeneous quadratic constraints [J]. SIAM Journal on Optimization,2007,18(1):1-28.

[36] Kocuk B,Dey S S,Sun X A. Inexactness of SDP relaxation and valid inequalities for optimal power flow[J]. IEEE Transactions on Power Systems,2015,31(1):642-651.

[37] Burer S,Vandenbussche D. A finite branch-and-bound algorithm for nonconvex quadratic programming via semidefinite relaxations[J]. Mathematical Programming,2008,113(2):259-282.

[38] Linderoth J. A simplicial branch-and-bound algorithm for solving quadratically constrained quadratic programs[J]. Mathematical Programming,2005,103(2):251-282.

[39] Pardalos P M,Rodgers G P. Computational aspects of a branch and bound algorithm for quadratic zero-one programming[J]. Computing,1990,45(2):131-144.

[40] Sherali H D,Adams W P. A hierarchy of relaxations between the continuous and convex hull representations for zero-one programming problems[J]. SIAM Journal on Discrete Mathematics,1990,3(3):411-430.

[41] Mitchell J E,Pang J S,Yu B. Convex quadratic relaxations of nonconvex quadratically constrained quadratic programs[J]. Optimization Methods & Software,2014,29(1):120-136.

[42] Saxena A. Convex relaxations of non-convex mixed integer quadratically constrained programs:projected formulations[J]. Mathematical Programming,2011,130(2):359-413.

[43] Lemarechal C,Oustry F. SDP relaxations in combinatorial optimization from a Lagrangian point of view. In:Hadjisavvas N and Pardalos P (eds.),Proceedings of Advances in Convex Analysis and Global Optimization. Amsterdam:Kluwer,2001,119-134.

[44] Kim S,Kojima M. Second order cone programming relaxation of nonconvex quadratic optimization problems[J]. Optimization Methods & Software,2001,15(3-4):201-224.

[45] Bao X,Sahinidis N V. Semidefinite relaxations for quadratically

constrained quadratic programming：A review and comparisons[J]．Mathematical Programming，2011，129(1)：129-157.

[46] Buchheim C，Wiegele A. Semidefinite relaxations for non-convex quadratic mixed-integer programming [J]. Mathematical Programming，2013，141(1-2)：435-452.

[47] Tawarmalani M，Sahinidis N V. A polyhedral branch-and-cut approach to global optimization[J]. Mathematical Programming，2005，103 (2)：225-249.

[48] Audet C，Hansen P，Jaumard B，et al. A branch and cut algorithm for nonconvex quadratically constrained quadratic programming[J]. Mathematical Programming，2000，87(1)：131-152.

[49] Wolsey L A. Integer programming. New York：John Wiley & Sons Inc，1998.

[50] Buchheim C，Santis M D，Palagi L，et al. An exact algorithm for nonconvex quadratic integer minimization using ellipsoidal relaxations[J]. SIAM Journal on Optimization，2013，23(3)：1867-1889.

[51] Ai W，Huang Y，Zhang S. New results on Hermitian matrix rank-one decomposition[J]. Mathematical Programming，2011，128(1-2)：253-283.

[52] Sturm J F，Zhang S. On cones of nonnegative quadratic functions [J]. Mathematics of Operations Research，2003，28(2)：246-267.

[53] Huang Y，Zhang S. Complex matrix decomposition and quadratic programming[J]. Mathematics of Operations Research，2007，32(3)：758-768.

[54] Huang Y，Palomar D P. A dual perspective on separable semidefinite programming with applications to optimal downlink beamforming [J]. IEEE Transactions on Signal Processing，2010，58(8)：4254-4271.

[55] Huang Y，Palomar D P. Rank-constrained separable semidefinite programming with applications to optimal beamforming[J]. IEEE Transactions on Signal Processing，2010，58(2)：664-678.

[56] Phan D T. Lagrangian duality and branch-and-bound algorithms for optimal power flow[J]. Operations Research，2007，60(2)：275-285.

[57] Chen C，Atamtürk A，Oren S S. A spatial branch-and-cut method for nonconvex QCQP with bounded complex variables[J]. Mathematical Programming，2017，165(2)，549-577.

[58] Jiang B,Li Z,Zhang S. Approximation methods for complex polynomial optimization[J]. Computational Optimization & Applications, 2014,59(1-2):219-248.

[59] Shor N Z. Class of global minimum bounds of polynomial functions[J]. Cybernetics,1987,23(6):731-734.

[60] Jalden J,Martin C,Ottersten B. Semidefinite programming for detection in linear systems-optimality conditions and space-time decoding. In:Processing of IEEE International Conference on Acoustics,Speech,and Signal Processing 2003 (ICASSP'03). Hong Kong:IEEE,2003,IV-9.

[61] Billionnet A,Elloumi S. Using a mixed integer quadratic programming solver for the unconstrained quadratic 0-1 problem[J]. Mathematical Programming,2007,109(1):55-68.

[62] An L T H,Tao P D. Solving a Class of Linearly Constrained Indefinite Quadratic Problems by D. C. Algorithms[J]. Journal of Global Optimization,1997,11(3):253-285.

[63] Cambini R,Sodini C. Decomposition methods for solving nonconvex quadratic programs via branch and bound[J]. Journal of Global Optimization,2005,33(3):313-336.

[64] Zheng X J,Sun X L,Li D. Nonconvex quadratically constrained quadratic programming:best D. C. decompositions and their SDP representations[J]. Journal of Global Optimization,2011,50(4):695-712.

[65] Lu C,Deng Z. DC decomposition based branch-and-bound algorithms for box-constrained quadratic programs[J]. Optimization Letters, 2018,12(5):985-996.

[66] Anstreicher K M. Semidefinite programming versus the reformulation-linearization technique for nonconvex quadratically constrained quadratic programming[J]. Journal of Global Optimization,2009,43(2-3): 471-484.

[67] Lu C,Fang S C,Jin Q,et al. KKT solution and conic relaxation for solving quadratically constrained quadratic programming problems[J]. SIAM Journal on Optimization,2011,21(4):1475-1490.

[68] Lu C,Jin Q,Fang S C,et al. Adaptive computable approximation to cones of nonnegative quadratic functions[J]. Optimization,2014,63(6): 955-980.

[69] Sherali H D,Fraticelli B M P. Enhancing RLT relaxations via a

new class of semidefinite cuts[J]. Journal of Global Optimization,2002,22 (1-4):233-261.

[70] Qualizza A,Belotti P,Margot F. Linear programming relaxations of quadratically constrained quadratic programs. In Lee J and Leyffer S. (eds.), Mixed Integer Nonlinear Programming. New York, USA: Springer,2012. 407-426.

[71] Kim S,Kojima M,Toh K C. A Lagrangian-DNN relaxation: a fast method for computing tight lower bounds for a class of quadratic optimization problems[J]. Mathematical Programming,2016,156 (1-2):161-187.

[72] Malick J, Povh J, Rendl F, et al. Regularization methods for semidefinite programming[J]. SIAM Journal on Optimization,2009,20 (1):336-356.

[73] Povh J,Rendl F,Wiegele A. A boundary point method to solve semidefinite programs[J]. Computing,2006,78(3):277-286.

[74] Wen Z,Goldfarb D,Yin W. Alternating direction augmented Lagrangian methods for semidefinite programming[J]. Mathematical Programming Computation,2010,2(3-4):203-230.

[75] Zhao X Y,Sun D,Toh K C. A Newton-CG augmented lagrangian method for semidefinite programming[J]. SIAM Journal on Optimization,2010,20(4):1737-1765.

[76] Burer S. On the copositive representation of binary and continuous nonconvex quadratic programs[J]. Mathematical Programming,2009,120(2):479-495.

[77] Burer S. A gentle,geometric introduction to copositive optimization[J]. Mathematical Programming,2015,151(1):89-116.

[78] Burer S. Copositive programming. In:Anjos M F,Lasserre J B, Handbook on Semidefinite,Conic and Polynomial Optimization. Boston, USA:Springer,2012. 201-218.

[79] Bomze I M. Copositive optimization-Recent developments and applications[J]. European Journal of Operational Research,2012,216(3):509-520.

[80] Dür M. Copositive Programming-A Survey. In:Diehl M,Glineur F,Jarlebring E and Michiels W (eds.),Recent Advances in Optimization and its Applications in Engineering. Berlin Heidelberg:Springer-Verlag,

2010,3-20.

[81] de Klerk E,Pasechnik D V. Approximation of the stability number of a graph via copositive programming[J]. SIAM Journal on Optimization,2002,12(4):875-892.

[82] Bundfuss S,Uuml M. An adaptive linear approximation algorithm for copositive programs[J]. SIAM Journal on Optimization,2009,20 (1):30-53.

[83] Burer S,Dong H. Separation and relaxation for cones of quadratic forms[J]. Mathematical Programming,2013,137(1-2):343-370.

[84] Zuluaga L F,Vera J. LMI approximations for cones of positive semidefinite forms[J]. SIAM Journal on Optimization,2006,16(4):1076-1091.

[85] Lu C,Guo X. Convex reformulation for binary quadratic programming problems via average objective value maximization[J]. Optimization Letters,2015,9(3):523-535.

[86] Sturm J F. Using SeDuMi 1. 02,A Matlab toolbox for optimization over symmetric cones[J]. Optimization Methods & Software,1999,11 (1-4):625-653.

[87] Chen J,Burer S. Globally solving nonconvex quadratic programming problems via completely positive programming [J]. Mathematical Programming Computation,2012,4(1):33-52.

[88] Vandenbussche D,Nemhauser G L. A branch-and-cut algorithm for nonconvex quadratic programs with box constraints[J]. Mathematical Programming,2005,102(3):559-575.

[89] Lu C,Deng Z,Zhang W Q,et al. Argument division based branch-and-bound algorithm for unit-modulus constrained complex quadratic programming[J]. Journal of Global Optimization,2018,70(1):1-17.

[90] Ott A. Unit commitment in the PJM day-ahead and real-time markets. http://www. ferc. gov/eventcalendar/Files/20100601131610-Ott,2012.

[91] Galiana F D,Motto A L,Bouffard F. Reconciling social welfare, agent profits,and consumer payments in electricity pools[J]. IEEE Transactions on Power Systems,2003,18(2):452-459.

[92] Gribik P R,Hogan W W,Popeii S L. Market-clearing electricity prices and energy uplift. https://sites. hks. harvard. edu/fs/whogan/

Gribik_Hogan_Pope_Price_Uplift_123107. pdf,2007.

[93] Hogan W W,Ring B J. On minimum-uplift pricing for electricity markets. https://sites. hks. harvard. edu/fs/whogan/minuplift_031903. pdf,2003.

[94] Liberopoulos G, Andrianesis P. Critical review of pricing schemes in markets with non-convex costs[J]. Operations Research,2016, 64(1):17-31.

[95] O'Neill R P,Sotkiewicz P M,Hobbs B F,et al. Efficient market-clearing prices in markets with nonconvexities[J]. European Journal of Operational Research,2005,164(1):269-285.

[96] Scarf H E. Mathematical programming and economic theory[J]. Operations Research,1990,38(3):377-385.

[97] Dai Y H,Fletcher R. New algorithms for singly linearly constrained quadratic programs subject to lower and upper bounds[J]. Mathematical Programming,2006,106(3):403-421.

[98] Pardalos P M,Kovoor N. An algorithm for a singly constrained class of quadratic programs subject to upper and lower bounds[J]. Mathematical Programming,1990,46(1-3):321-328.

[99] Rockafellar R T,Wets R J B. Variational Analysis[M]. Berlin Heidelberg,Germany:Springer-Verlag,1998.

[100] Tran L N,Hanif M F,Juntti M. A conic quadratic programming approach to physical layer multicasting for large-scale antenna arrays[J]. IEEE Signal Processing Letters,2013,21(1):114-117.

[101] Demir Ö T,Tuncer T E. Alternating maximization algorithm for the broadcast beamforming. In:Proceeding of 2014 22nd European Signal Processing Conference (EUSIPCO). Lisbon,Portugal:IEEE,2014, 1915-1919.

[102] Gopalakrishnan B,Sidiropoulos N D. High performance adaptive algorithms for single-group multicast beamforming[J]. IEEE Transactions on Signal Processing,2015,63(16):4373-4384.

[103] Lozano A. Long-term transmit beamforming for wireless multicasting. In:Proceeding of 2007 IEEE International Conference on Acoustics,Speech and Signal Processing (ICASSP'07). Honolulu,USA:IEEE, 2007. III-417-III-420.

[104] Matskani E,Sidiropoulos N D,Luo Z Q,et al. Efficient batch

and adaptive approximation algorithms for joint multicast beamforming and admission control[J]. IEEE Transactions on Signal Processing, 2015, 57(12): 4882-4894.

[105] Abdelkader A, Gershman A B, Sidiropoulos N D. Multiple-antenna multicasting using channel orthogonalization and local refinement [J]. IEEE Transactions on Signal Processing, 2010, 58(7): 3922-3927.

[106] Kim I H, Love D J, Park S Y. Optimal and successive approaches to signal design for multiple antenna physical layer multicasting[J]. IEEE Transactions on Communications, 2011, 59(8): 2316-2327.

[107] Konar A, Sidiropoulos N D. A fast approximation algorithm for single-group multicast beamforming with large antenna arrays. In: Proceeding of 2016 IEEE 17th International Workshop on Signal Processing Advances in Wireless Communications (SPAWC). Edinburgh, UK: IEEE, 2016, 1-5.

[108] Verdu S. Multiuser Detection. New York, USA: Cambridge University Press. 1998.

[109] Kisialiou M, Luo Z Q. Probabilistic analysis of semidefinite relaxation for binary quadratic minimization[J]. SIAM Journal on Optimization, 2009, 20(4): 1906-1922.

[110] Ma W K, Ching P C, Ding Z. Semidefinite relaxation based multiuser detection for M-ary PSK multiuser systems[J]. IEEE Transactions on Signal Processing, 2004, 52(10): 2862-2872.

[111] Tan P H, Rasmussen L K. The application of semidefinite programming for detection in CDMA[J]. IEEE Journal on Selected Areas in Communications, 2001, 19(8): 1442-1449.

[112] Liu H, Yue M C, So A M C, et al. A discrete first-order method for large-scale MIMO detection with provable guarantees. In: Proceedings of the 18th IEEE Workshop on Signal Processing Advances in Wireless Communications (SPAWC 2017). Sapporo, Japan: IEEE, 2017, 669-673.

[113] Soltanalian M, Stoica P. Designing unimodular codes via quadratic optimization[J]. IEEE Transactions on Signal Processing, 2014, 62 (5): 1221-1234.

[114] Liu H, Yue M C, So A M C. On the estimation performance and convergence rate of the generalized power method for phase synchronization [J]. SIAM Journal on Optimization, 2017, 27(4): 2426-2446.

［115］Bandeira A S，Khoo Y，Singer A. Open problem：Tightness of maximum likelihood semidefinite relaxations［J］. Journal of Machine Learning Research，2014，35：1-3.

［116］Kisialiou M，Luo Z Q. Performance analysis of quasi-maximum-likelihood detector based on semidefinite programming［C］//. In：Processing of IEEE International Conference on Acoustics，Speech，and Signal Processing 2005（ICASSP'05）. Philadelphia，USA：IEEE，2005，iii/433-iii/436.

［117］Lu C，Liu Y F，Zhang W Q，et al. Tightness of a new and enhanced semidefinite relaxation for MIMO detection. https：//arxiv. org/pdf/1710. 02048. pdf，2017.